여행의
민 낯

여행의
민 낯

김현주 지음

이담북스

"올해 연말은 유럽에서 보낼까?"
"유럽 어디?"
"어디든."
"좋아."

서른아홉 겨울, 나는 유럽 여행을 하기로 했다.

한 계절을 나의 흔적이 없는 곳에서 불특정다수와 보내겠다는 결심.

현실을 떠나는 건 과연, 잘살고 있다는 뜻일까.

지금까지 이룬 게 없다는 증명일까.

아니면 아직 철들지 않아서?

CONTENTS

Europe Travel

여행의 민낯

EP. 1

'재미'가 '있던' 날들

나이 들수록 삶에서 느끼는 재미가 달라진다. 어렸을 때 그렇게 열심히 보던 만화가 이제 별 재미가 없다. 그림으로 된 주인공은 기술력이지 진짜 사람이 아니라는 걸 이미 안다. 그림 인간에게 상실의 슬픔 따위 느낄 순수함이 없다. 주인공이 행복하게 살기보단 나를 깜짝 놀라게 할 엔딩을 내놓길 바라면서도 죽거나, 다시 만나거나, 헤어지거나, 꿈을 이루거나 하는 세상의 모든 엔딩을 다 알고 있다. 콘텐츠 홍수 속에서 언제부턴가 그 어떤 반전도 식상할 뿐이다. 주인공의 죽음에 세상 떠날 듯 울 수 있는 건 순수함 말고 무엇으로 표현할 수 있을까? 순수했기에, 나의 감정에만 몰입할 수 있는 능력이 있었고, 그래서 세상 모든 것에 호기심을 가지고 새로움에 설렐 수 있었다.

살아가면서 하루씩 순수함을 잃어간다. 하루하루 죽어가는 것보다 하루하루 순수하지 못하게 되는 것, 나는 그게 더 겁이 난다. 가족과 바꾸고 돈과 바꾸고 자극적인 영상과도 바꿨다. 이렇게 잃어가는 시간이, 당장은 이익을 낸 물물교환 같다. 하지만 다시 돌이킬 수 없다는 걸 고려하면 손에 남은 것들이 무쓸모하기만 하다. 먼 훗날 그 가치는 무엇으로도 상쇄될 수 없을 테니까. 살아온 날들이 쌓이고 이루어 둔 것들이 많아질수록 처지가 바뀌었다. '순수하지 않다'와 '순수하지 못하다' 중에 무엇이 옳은지는 여전히 잘 모르겠고, 그래서 삶에서 느끼는 재미의 의미가 또한 달라졌다.

어른의 재미는 보다 구체적이고 명료해졌으며, 자본주의적이다. 호기심보다 현실적 집중이 필요하다. 주변 사람들에게 요즘 가장 재미있는 일이 뭐냐고 물으면 등산, 수영, 공부 같은 것들을 말한다. 죽을 만큼 숨이 턱턱 차는 등산이 재미있다니, 학교 다닐 때 그렇게도 하기 싫었던 공부가 이제야 재밌다니. 우리는 스스로 선택한 몰입, 마음이 향하는 방향대로 스스로 하는 일을 즐기고 있을 것이다. 아, 최근 나의 언니는 집 사는 게 제일 재미있다고 했다. 방에서 계약서를 들여다보면서 혼자 키득거리는 것이. 나이가 들수록 너무 재미있고 신이 나서 밤을 새운다거나 다음 날 일에 지장을 줄 만큼 최선을 다해서 놀지 않게 되었다. 재미에 취해 일상에 지장을 주는 순간부터 진짜 재미없는 현실이 시작되니까. 즉각적이고 가벼운 재미만 찾다 보면 결국 나를 잃게 되니까.

원래부터도 다큐처럼 착실하고 조곤조곤하게 살고 싶었는데, 마흔을 앞두고 재미 앞에서도 제법 진지하다. 너무 웃기고 기가 막힐 일들이 내 허락 없이 일어나는 세상에서 멀쩡하게 정신줄 잡고 살려면 단순히 웃고 즐기는 쾌락보다 일상을 잘 영유할 수 있는 잔잔하고 소소한 재미가 필요하다. 감정적인 자극보다는 지속 가능한 안정감이 있었으면 좋겠다. 나 혼자만을 위한 순간적인 재미보다는 얇지만 길게, 주변 사람들과 함께 어우러질 지속 가능한 재미가 있어야 한다.

그래서 여행도 단순한 즐거움, 축제 같은 재미(사실 축제가 활동적이게 재미있어야 한다는 데는 동의하지 않지만, 정적인 재미도 충분히 축제로서 가치 있고, 내향적인 사람들의 축제도 필요하다고 생각하지만, 어쨌든)를 추구하기보다는 잘 먹고 잘 쉬고, 일상을 돌아볼 수 있는, 다시 자본주의적 일상으로 잘 돌아오기 위한 여행을 하고 싶었다. 막 놀고 막 쉬고, 막 쓰고 내일이 없는 재미와 여행은 더 이상 무용하다.

대부분의 여행 책은 낭만적이었다, 도시는 아름다웠고 역사적으로 대단하며, 그 공간만의 특색에 맞게 힐링해서 많은 것을 배웠다, 재미있고 즐거웠다고 말하면서 여행지의 청아하고 화려한 사진이 첨부되어 있었다. 깨끗한 운동화를 신은 가벼운 산책, 몸의 온기와 꼭 맞는 온도와 습도와 햇볕, 늘 다해주던 날씨와 하늘, 그 나라의 특색을 섬세하게 보여주는 듯한 현지 사람들까지.

남들의 화려한 여행에 매료되어 부럽다는 감정을 마주하면 지금 나의 주제가 더 낮고 작게만 보인다. 타인의 힐링 앞에 내 신세의 헛헛함이 느껴질지도 모르겠다. 여행을 떠난 사람 또한 쉴 시간을 만들기 위해서 미친 듯 야근하고 겨우 출발했을지도 모르는데, 지금의 나처럼 일하고 실패하여 그곳으로 떠났을 텐데. 여행은 어쩐지 비교군의 기준이 이상하다. 최고로 행복해 보이는 사진과 현실 속 날것의 지금 나를 비교하게 되니, 사실 타인의 여행에서 어떤 깨달음을 얻으려면 그 사람의 여행지에서 가장 행복한 순간의 모습이 아니라, 그가 여행을 떠난 이유, 비행기티켓 값을 벌기 위해 일하는 모습, 주변 사람들을 설득하고 현실을 포기하면서 여행을 결심하는 과정과 나의 약간만 못난 모습을 견주어 봐야 한다. 적어도 여행을 떠나 느슨하게 시간을 보내는 사람보다 일상을 버티고 있는 사람들이 훨씬 몸과 마음이 튼튼하며, 삶에 최선을 다하고 있는 거니까.

여행은 무거운 캐리어를 끌고 다니며 대중교통을 서툴게 이용하고 길을 찾아 헤매는 고생이 담보된 일이다. 여행은 길어질수록 여행도 일상이 된다. 돈을 아끼려면 몸으로 때워야 하고 몸으로 때우면 지치기에 쉬어야 하는데, 쉴 곳을 찾는 데도 시간과 노력, 돈이 필요하다. 집에서 떠난 시간이 오래일수록 여행은 낭만과 환상이 아니라, 말이 통하지 않는 현지에서 친구도, 가족도 없는, 인적, 물적 자원이 없는 지극히도 불안한 현실이 된다. 우리는 일상과 여행이 완전히 분리되었다고 여행 따로, 현실 따로, 그러니까 이 별로인 현실을 망각하게 해주는 게 여행이라 믿으며 막연히 떠나길 원하고 여행이 곧 현실의 해결사처럼 믿어도, 여행은 해결사의 비서처럼 일상과 교묘히 연결되어 나에게 말을 걸고 있다. 여행은 현실과 경험해 보지 못한 호기심에 대한 기대와 설렘의 고리가 되어준다고 볼 수 있다. 언제부턴가 여행은 근사한 힐링, 잘 쉬었다는 여유의 표상이 되어, 일 년에 몇 번 여행을 다녀왔는지, 여행지가 국내인지 해외인지가 '잘' 살고 있음의 기준점이자 부러움의 대상이 되었다. '여행은 좋은 것, 여행은 쉬는 것, 여행하는 사람은 행복한 사람'이라는 등호가 성립하기도 한다. 관광지를 찍고 그곳에서 사진을 찍고 해맑게 웃으면 여행 '잘'하는 사람, '잘' 사는 사람이 될 수 있다.

여행마저 '잘' 해야 하고 '꼭' 해야 하는 세상이라면 도대체 우리는 어디서 숨을 쉬어야 할까.

삼십 대 중반, 결혼한 여성으로서 사회생활에 대한 회의감이 절정이었던 시기가 있었다. 나의 성장이라곤 없는 지지부진한 회사는 지긋지긋했지만, 이직과 소속감 없는 불안이 더 두려워 자존심을 짓누르며 현실과 타협하고 마음을 굳게 먹었다. 다잡은 마음이 안정되기 전에 코로나19가 터졌고 회사로부터 퇴사 통보를 받았다. 잘리던 날 나는, 잘리지 않은 동료들로부터 당분간은 아무 생각하지 말고 쉬면서 여행이나 다니라는 위로의 말을 들었다. 그 상황에서도 여행 가라는 말은 나를 위하고 배려했을 꽤 괜찮은 위로였을 테다. 여행 가란 말이 모든 사람에게 통용될 꽤 괜찮은 위로라면 우리는 너무 팍팍한 세상을 살고 있는 건 아닐까. 여행은 챙겨야 할 물건이 많고 고단하며 무엇보다 많은 불편함을 감수하고 부지런해지는 일이다. 나의 컨디션과는 전혀 상관없이 이동 수단의 시간표에 따라 몸을 움직여야 한다. 약속한 시각이 되어야 호텔에 들어갈 수 있고 퇴실 시간 또한 정해져 있다. 자유롭다고 믿지만 기본적인 여행의 틀은 예약되어 있고 정해져 있다. 그런데 희한하게도 여행보다 지금 살아낼 현실이 더 중요하며 내가 있어야 할 곳은 지금의 현실이라고 당당하게 말하는 사람은 잘 없다.

여행의 이유는 여럿 있다. 쉬려고, 즐기려고, 맛있는 음식을 먹으러, 관광지를 가고 싶어서, 어떤 날을 기념하려고, 단순히 휴가 기간이라서. 시간이 주어졌으니까 우리는 떠나기도 한다. 그래서인가, 쉬니까 떠나야 한다는 묘한 압박이 느껴지는 것 같다. 물론 떠나는 이유는 명확하지 않기도, 하나이지 않기도, 또 없기도 하다. 이미 현실과 잘 타협하고 보통으로 '잘' 사는 사람에게 여행 가란 말은 당분간 현실을 생각하지 않으면서 지금까지 모은 돈으로 새로운 곳에서 생활하란 말에 불과할지도 모르겠다. 여행이 곧 여유, 여행은 당연히, 그래서 여행하란 말이 지금의 현실을 미워하고 도피하란 뜻은 아니었으면 한다.

가끔 건담을 보러 떠난다. TV에서 전해지는 세상 돌아가는 이야기와 자극적인 영상을 보고 있노라면 당장이라도 세상이 멸망할 것 같은데, 이 혼란한 지구를 건담이 지켜줄 것만 같다. 종교도 없고 부모님에 기대긴 창피하고 믿는 건 나 자신 하나뿐인데, 건담은 내가 믿고 의지하는 귀신 같은 존재다. 건담의 머리를 보기 위해 고개를 쳐들어 하늘을 올려다보곤 눈과 온몸에 불빛을 반짝이면서 저 하늘을 뚫고 나가는 상상을 한다. 주먹을 불끈 쥐고 저 하늘의 끝으로 뻗어나가는 건 담을 머릿속으로 그리며 가슴 뻥 뚫리는 기분을 만끽하면서. 이런 상상을 하는 나 자신이 참 우습다. 픕, 하고 나를 마음껏 비웃어 보는 일, 일상이라면 자괴감이 몰려올 것이다. 하지만 여행에서는 아직 철들지 않은 어른이라는 사실이 묘한 해방감을, 그래도 괜찮다는 다독임을 느끼게 해준다. 철들고 싶지 않은 어른의 대부분은 이미 철든 성실한 어른이니까.

이 깨끗한 카타르시스를 처음엔 그저 어린 시절을 그리워하나 보다 생각했다. 이제 와 생각해 보면 아무래도 해외로 가면 뉴스나 유튜브 영상을 덜 보게 되고, 먹고 살 걱정을 덜 하며 구글 지도에 코를 박는 몰입력을 발휘해서 아닌가 한다. 스스로 선택한 몰입이 실행되는 것이다. 여행이라는 정당성을 부여하여 환전도 넉넉히, 이왕 환전했으니 맘 편히 돈도 쓰고, 결과론적으로 마음의 평화를 얻게 되었다. 의도하지 않았지만, 나를 괴롭히던 현실을 망각한 시간이 된 것이다.

정말 쉽게 떠날 수 있는 세상이다. 비행기티켓 예약은 실시간 최저가 검색이 가능하고, 국내에서 발급받은 카드로 해외에서도 결제된다. 앱 하나 다운받으면 그 속에 전 세계의 호텔이 있다. 전 세계 어디든 비용을 지불하면 내 몸 하나 누일 자리가 있고, 최소한의 안전은 보장받을 수 있다. 뭐든 단순하고 쉽게 소비할 수 있도록 시대가 발달하고 있어 여행 또한 그렇다. 어디든 원클릭으로 결제는 정말 쉽고 빠르다.

간접적으로는 더 쉽고 간단하다. 유튜브에서 가고 싶은 여행지를 검색하면 지구 구석구석 안 나오는 지역이 없다. 마치 그곳을 다녀온 것 같은 생생한 영상을 볼 수 있으니, 요즘은 직접적으로 혹은 간접적으로 누구나 여행을 떠난다. 세상은 간접 경험 부자 천지다.

#

여행의 목적지는 결국 제자리라는 말이 있듯, 떠났다가 다시 돌아온다 하여 일상이 드라마틱하게 변하진 않는다. 여행 동안 쓴 만큼 통장 잔고는 비어있고, 카드 값이 쌓여있으며 이를 해결하기 위해 원래 하던 일을 이어가거나(이럴 경우 밀린 일이 잔뜩 쌓여있을 것이다), 다른 일을 해볼까 하고 시작의 방향을 다시 고민할 뿐이다. 물론 좀 더 적극적으로는 하겠지. 돌아온 직후엔.

여행 후 일상에 복귀하면, 건너뛴 현실과 여행 기간, 돌아온 후의 삶을 이어 붙이는 작업을 해야 한다. 떠나기 전으로 기억을 더듬고 부재한 현실을 찾아 스스로 이어가야 한다. 내가 없던 시간 동안 일어났던 일들을 알아보고 처리하면서 나 없이 축약된 시간으로 지나간 현실을 되짚어봐야 한다. 일은 밀려있거나 멈추어 있지 해결되어 있지 않다. 주변 사람들에게 안전한 복귀를 알리고 짐을 풀고 그 자리 그대로 견뎌야 하는 일상이 나를 기다리고 있다. 그저 조금 홀가분해진 기분으로, 일상의 힘듦보다 강하게 자리하고 있는 여행지에서의 기억을 가지고 일상이 다시 시작된다.

쉽게 떠날 수 있게 되었다고 여행이 결코 만만한 일은 아니다. 여행은 여전히, 모르는 곳에서 처음 느끼는 기분 속으로 데리고 간다. 갔던 곳을 다시 가더라도 그 기분이 같을 수 없다. 그 공간은 그대로라도 시간과 나 자신이 달라졌고, 공간은 시간만큼 낡아 있다. 익숙하지 않은 시공간에 적응해야 하고 그 나라의 언어로 대화하고 사고하려니 바빠 현실이 망각될 수밖에. 표현할 방법도 마땅치 않은데 나의 '마음'을 제대로 모르면 정말 골치 아프다.

밥 먹는 방법과 예절이 다르고 배려와 서비스의 기준이 다른 곳에서 말과 생각이 통하지 않는 사람들과 감정을 감각하면서 한 계절을 보낸다는 건, 그 무엇에도 의존하지 않겠다는 선언이자 스스로를 돌아보는 시간이 되어주었다. 그래서 여행 중 실수하거나 헤매거나 낭비해도 좌절할 필요는 없다. 어차피 내가 다 책임질 일이니까. 나 혼자 덩그러니 떨어진 곳에서 실수하면 결과야 어쨌든 내 방식대로 그 실수를 해결하며, 헤맬 때도 내 성격대로 길을 잃으면서 기쁨과 긴장을 나는 마주했다.

마음이 벌거벗겨지는 순간과 마주한 채로, 외국어로 생각하고 꿈마저 외국어로 꾸며 외국어로 말하는 사람들의 일상으로 들어가는 일이 여행의 현실이자 민낯이다. 여행의 민낯을 마주하기 위해서는 나 역시 민낯을 보여줘야 할 것이다.

인생에서 당연히 없을 일

나는 할 수 있는 일과 할 수 없는 일을 이분법으로 구분 짓는다. 가능한 일을 하고, 가능하지 못할 일은 시도하지 않는다. 그래서 포기가 쉽다. 나이가 들수록 결정하는 데 시간과 노력이 덜 들어가고 포기가 쉬워지며 용기는 사치스럽다. 할 수 있는 일을 하면서 능력이 닿지 못할 일은 편안히 서성인다고 할까. 예를 들어, 등산이 하고 싶은데 정상을 찍을 수 없겠다 싶으면 바로 포기한다. 힘들어 죽겠을 땐 죽을 상상이나 하지 정상에서 느낄 희열이 어디 있나, 정상에서 느끼는 벅찬 감동은 부지런히 체력을 올리고 꾸준히 운동한 사람들이 받을 달콤한 만족감이면서, 덜 힘든 사람들만이 느낄 수 있는 성취감이다. 죽을힘을 다해 오르고 있는 사람에게 느린 너의 속도에 맞추어 함께 가겠다는 말도, 결국 내가 민폐를 끼치고 있다는 말로밖에 들리지 않는다. 진정으로 힘든 사람은 상황에 환멸을 느끼며 내려갈 길이 걱정될 뿐이다. 이럴 땐 포기하고 그보다 만만한 운동을 찾는다. 산책으로 시작해서 걷는 시간을 늘리고, 이를 반복하다가 어느 정도 체력이 단련되면 등산에 도전하는 식이다. 물론 가끔 답답하단 소릴 듣고(아니 많이 듣고) 느리고 오래 걸린다.

여기에서 가장 중요한 건 '나는 등산을 할 수 없다'라는 불가능을 규정짓는 일이었고, 무모한 도전을 하지 않으니 삶은 안정적이며, 머릿속에는 못하는 것들이 강하게 박혀있다. 아이러니하게 꿈꾸는 것들은 소박하고 하찮지만 대부분 이루어진다. 그래도 열심히 노력은 하니까. 그래서 나는, 내가 못 하는 것들을 누구보다 잘 안다. 나의 능력 밖의 일들은 얼른 포기할 수 있도록 언제든 준비되어 있고 포기 준비는 좌절도 슬픔도 아니다. 어느 순간 빠른 포기가 나에게 맞는 삶의 속도를 맞춰 준다는 걸 깨달았는데, 깨달음은 언제나 느지막이 와서 노력의 방향을 제시해 주었다. 삶은 어차피 멈추지 않으니, 이 빠른 세상에서 뻔뻔하고 느리게 사는 데 익숙해졌고 이 정도면 제법 능숙하게 산다고 믿는다.

포기로 얻은 여유를 담보로 일상은 비슷하게 또 비슷하게 흘러왔다. 한 번의 힘과 매일의 힘이 다르다는 걸 배우면서 하고 싶은 일보다 해야 할 일을 선택하고도, 어차피 하고 싶은 일만 하고 사는 건 불가능하다고 명확한 이유를 찾지 않은 채 나를 다독였다. 나이가 들었으니까, 현실이 그러하니까, 그래도 이제 살 만하니까, 용기 내지 않아도 될 핑계로 잘도 찾았다. 그 핑계를 이유라고 믿으면서. 이런 사고방식이 삶을 대하는 태도가 유연해지도록 도움을 줬는지는 잘 모르겠으나 나의 능력을 스스로 한정 짓고 있다는 생각 역시 함께했다.

그게 적당히 나만의 속도로 잘사는 방법이라 믿으며, 도전 따위, 현실에서 도망가는 일은 절대로 하지 않는 인생에서 다시, 유럽 여행은 없을 줄 알았다.

#

신혼여행을 유럽으로 다녀왔다. 프랑스와 이탈리아 7박 9일, 패키지여행이었다. 당시엔 회사에 다니고 있었는데, 직장인에게 9일은 온갖 눈치코치로 힘들여 내는 일생에 단 한 번밖에 없을 신혼여행을 위한 휴가이지만 한국에서 유럽까지 비행기를 타고 날아가 시차 적응에, 관광까지 하려면 턱없이 부족한 시간이다. 비행시간은 가만히 시간을 죽이는 행위이며 설레거나 잠자기, 적당히 영화를 보며 도착하길 기다리는 것 말고는 할 수 있는 게 별로 없다. 집에서 공항까지, 도착지의 공항에서 목적지까지도 온전히 내 시간을 들여 이동해야 한다. 대부분 비싼 비용을 치르면 일찍 도착한다. 시간을 돈으로 사야 한다.

서른 초반, 결혼에 대해 아무것도 진행되지 않은 상태에서 우리는 손잡고 웨딩 박람회 구경을 갔다. 클리어 파일에서 유럽 도시 풍경을 담은 몇 개의 사진을 보고 그 자리에서 홀려 신혼여행을 예약했다. 유럽을 선택한 이유는 단순했다. 직원이 들이민 사진이 낭만적인 분위기였고, 그냥 한 남자를 사랑했고 같이 있고 싶었고, 함께 어디든 가고 싶었다. 그 맞은편에 있던 현실적인 마음은 비행기티켓과 호텔, 매끼 식사와 관광지 입장권, 살인적이라는 유럽의 물가가 겁이 났다. 솔직히 이렇게 말하는 것도 건방지다. 뭐가 뭔지 몰랐다. 눈 감으면 코를 베어 갈 코 큰 사람들이 두려웠으며 대충 들어 봐도 패키지여행이 저렴해 보였다. 그때 내가 알고 있던 건 프랑스에는 파리란 도시가 있고 파리에 에펠탑이 있다는 정도, 이탈리아에 로마가 있고 그리스 · 로마 신화 속 신들의 이름 정도였다. 여행은 언제 어디를 가느냐보다 누구와 가느냐가 더 중요했다.

신혼여행은 당연히 유럽이지.

주변에서 결혼한 사람들은 유럽 여행을 갈 수 없다고 말했다. 그렇게 말하는 많은 사람들은 결혼이 주는 족쇄를 받아들이면서 찬찬하게 살아가고 있었다. 결혼이란 채우고 싶을 때만 채웠다가 자유롭게 벗을 수 있는 우아한 족쇄가 아니며 시대가 변해도 변하지 않는 결혼한 어른의 역할은 굳건하다. 나 역시 의심 없이, 결혼하면 긴 여행 따윈 꿈꾸지 말라는 그 말을 믿고 받아들였다. 결혼해 본 적 없었으니 그런가 보다 할 뿐, 당장 지금을 살아내느라 미래의 나에게는 무심했고 무지했다. 사회가 정해놓은 시스템에 적극적으로 나를 맞춰 무난한 사회 구성원이 되고 싶었기에 타인의 말이 아주 쉬이 귀에 쏙쏙 박혔다. 친구들 사이에서도 신혼여행은 최대한 먼 곳으로 가는 게 유행이었다.

나이가 들면 돈이 있어도 시간이 없어서 가지 못할 거라고. 결혼하면, 아이가 생기면, 직장 생활을 계속하면 다시는 가지 못할 곳이니까 갈 수 있을 때 가야 한다고. 삶에서 유럽 여행이라는 찬스는 오직 신혼여행뿐이라고.

우리는 결혼이 뭔지도 몰랐고, 멀리 긴 여행이 가고 싶었고, 결혼 준비 중 신혼여행 예약을 가장 먼저 했고, 그 후 1년이 되지 않아 결혼식을 진행했다. 그렇게 내 생에 첫 유럽은 평생 함께하기로 약속한 사람과 떠난 여행이었다. 그 외 패키지를 신청한 사람과도 함께. 이걸 여행이라고 해야 할지, 하지 않아야 할지 잘 모르겠다. 프랑스 파리에 가긴 갔는데, 보라면 보고 내리라면 내리고 가라면 가고 오라면 왔다. 에펠탑을 생각하면 아주아주 비싸다던 먹을 수 있는 초록색 달팽이가 떠오른다. 패키지여행에 포함되어 있었던 스냅 사진 액자가 아직 방구석에 진열되어 있지만, 지하철과 버스를 탔었는지, 무엇을 먹었는지, 하늘은 어땠는지 잘 기억나지 않는다. 이탈리아에 가긴 갔는데, 그 나라에 대한 기억보다 '와, 세상에 노는 사람 정말 많구나.' 하고 생각했던 기억이 가장 강하게 남아있다. 그 말을 했던 장소가 이탈리아 로마의 콜로세움 앞이었다는 건 이번 유럽 여행을 마치고 돌아온 후, 며칠 뒤에 생각났다. 8년이 지난 지금 끊어진 장면과 흐릿한 기분 외에 여행에 대한 기억은 거의 남아있지 않다. 제대로 기억하지 못해서일까. 살면서 유럽은 여전히 환상적이고 낭만적인 곳, 하지만 우리나라에서 너무 멀기에 다시는 가지 못할 곳이라 생각하며 그래도 한번은 다녀왔다는 사실이 가끔 삶의 위로가 되었다. 딱 그뿐이었다.

　스물아홉 겨울에도 유럽 여행을 꿈꿨다. 인생의 가장 큰 행사가 될 서른을 앞두고 낭만적인 유럽 여행을 꿈꾸긴 했는데, 그 꿈은 진짜 꿈은 아니었다. 어차피 이룰 수 없는 꿈. 이루지 않을 건데 꾸는 꿈. 책상 앞에서, 친구들 앞에서 입으로 말하며 더 구체적으로 꾸는 꿈. 꿈을 위해 노력하기보다 입으로 말할 때 더 행복한 꿈. 고민과 행동 없이 말만 하는, 잠잘 때 꾸는 꿈보다 쉽게 깨는 꿈. 어쩌면 진짜 여행을 떠나는 것보다 유럽 여행을 꿈꾸는 사람처럼 보이고 싶은 마음이 더 컸는지도 모르겠다. 꿈이 없는 사람이 아니다, 나 이렇게 낭만적인 여행을 꿈꾸는 사람이라고 내 삶이 형편없지 않다는 걸 증명이라도 하듯이.

　실제로 많은 사람들이 유럽은 가지 못할 곳이라 생각한다. 나이 먹을수록 더욱, 결혼한 사람일수록 더더욱, 아이가 있으면 감당해야 할 시간과 비용이 엄두조차 나지 않는다고 한다. 삶은 정말 상대적이며 아이러니다. 당장이라도 떠나고 싶은 현실에서, 지금 당장 떠날 수 없는 답답한 이유들이 일상을 굳건히 받쳐주고 있으니까. 떠날 수 없는 이유들 때문에 기대하고 행복하고 또 가끔은 산산이 조각난 행복에서 벗어나고 싶다. 가족, 직장, 친구, 모임과 수강 신청해 놓은 배움 같은 것들을 책임지고, 성실해야 한다고 다독이며 좋은 사람이라는 평판을 들으려 애쓰고 돈을 벌고 앞으로도 벌 수 있으면 멀쩡하게 잘사는 게 옳긴 한데. 그런데.

주변에는 좋은 것과 더 좋은 것, 잘사는 사람과 더 잘사는 사람들이 널려있고 바쁘게 발전하는 대한민국의 성실한 사람들은 일을 놓을 수 없는 시스템에 갇혀 있다. 다음 달 카드 값을 위해 오늘도 열심히 일한다는 말이 환하게 웃을 수 있는 우스갯소리는 아니다. 책임감을 실감하면서 사는 게 잘사는 것이고 이미 정해진 정답이라 착실하게 살아왔기에 일상에 미련이 많이 남아있다. 여행은 오늘을 놓는 시간인데, 한 달 혹은 두 달 동안 오늘을 놓는 것이 쉽지 않다.

성실한 어른도 옳은 일만 하면서 살면 삶은 따분해진다고 한다. 세상을 올바르게 사는 사람일수록, 열심히 사는 사람일수록 쉽게 지친다. 사람은 해야 하는 일만 하고 착하게만 살면 뭔가 억울하고 분하다는 생각이 들 수밖에 없다. 근면한 사람일수록 삶의 도피가 필요하다. 도피하고 싶다는 게 중요한 신호이자 잘살고 있다는 증거가 된다. 책임감과 일상으로부터의 도피, 여행을 꿈꾸는 일상은 기묘하게 연결되어 있다. 조금 덜 성실하게 살고 싶을 때, 할 수 없는 일을 해보고 싶을 때, 나이 들어 새로운 도전은 불가능하다고 생각할 때, 그럴 때 우리는 삶에 변화를 주어야 한다.

삶은 상상했던 일이 이루어지지 않기도 하고, 상상하지 않은 일들이 일어나기도 한다. 물론 노력으로 조절도 할 수 있지만, 대부분은 상상하지도 못한 일들로 채워졌고 그 속에서 나는 울고 웃었다. 물론 지금도 여전히 계속, 오늘도.

서른아홉 겨울에 떠난 80일간의 유럽 여행을 마치고 나는, 한국으로 돌아온 지 한참이 지나고 나서야 참 쉽게 불가능을 단정 지으며 살았다는 걸 깨달았다. 나는 지금, 여기, 다시 일상에 적응해 나가며, 여행은 현지에서 느낀 강력한 감정보다 돌아오고 나서 기억을 다듬는 일이 훨씬 더 중요하다는 걸 깨닫는 중이다.

　몸은 한국으로 돌아왔지만, 여행의 기억은 머리와 신경세포에 남아 여전히 함께하고 있다.

눈치로 간 보는 인생

내 인생 최초의 혼자 여행은 홍콩이었다. 이십 대였고 세상에서 내가 제일 잘난 줄 알았으며 가능한 일만 도전했으니 폭 좁은 성공만 하고 실패를 모르고 살았다. 작은 회사에서 같은 직급보다 조금 높은 연봉을 받았고 마치 사장인 것처럼 열정적으로 열심히 일했다. 인정받기 위해선 열심히 할 수밖에 없었다. 사장님이 자꾸 나처럼 일하라고 비교한다며 제발 열심히 좀 하지 말라던 상사들도 많았다. 나에겐 '열심히'가 자존심이었고 인정받을 수 있는 유일한 방법이었으며 어쩌면 전부였다. 여러 부서의 일을 담당하고 문제가 발생하면 해결하고 책임지는 일이 많으니, 월급과 직급을 올려달라고 건의했을 때, 여자가 그 정도 받으면 됐지, 라는 말을 진짜 사장에게 들었다. 그날의 배신감이 아직도 선명하다. 그 자리에서 사직서를 던지고 퇴사 날짜를 일방

적으로 통보했다. 퇴사 이후 그 회사에는 어떤 티끌의 도움도 되지 않겠노라고 다짐한 후 그 주 주말 가장 빠른 홍콩행 비행기티켓을 끊어 한국을 떠났다.

캐리어를 끌고 높은 힐을 신고 선글라스를 쓰고 몸에 딱 맞는 원피스를 입고 공항을 걸어 들어갔다. 그때는 혼자서 무얼 하는 사람을 신기하게 바라볼 때이다. 그것도 심지어 여자가, 무려 혼자서 해외여행을 하는 건 상상조차 하지 못했을 때였다. 좋은 말로 신기하다는 표현을 하지, 친구가 없나, 무슨 일 있나, 사연 있는 여자라며 사람들은 힐끗거리며 불안한 시선으로 바라보았다. 공항에서 모르는 사람이 다가와 나의 손을 잡고 무슨 사연이 있는지는 잘 모르겠지만 몹쓸 생각 하면 안 된다고 등을 토닥이기도 했다.

그때의 나로 생각하면 세상 멋있지만, 지금의 나로 생각하면 과거의 내가 한 시도와 태도는 한없이 버겁다. 마치 더러운 기름으로 통통 튀겨낸 것 같다. 사장님에게 더 공손하게 제의할 수 있었고, 다른 직원들이 불합리하다고 느끼지 않을 방법을 찾아야 했고 감정을 빼고 서류로 합당한 근거를 전해야 하지 않았나. 뭐, 지금 생각해 보면 하나도 멋있지 않다.

그러함에도 다행히, 그때의 나는 그 상황이 너무 좋았다. 웃겼다. 의도하지 않았지만, 피해자가 없는 사기를 치는 느낌이랄까. 그저 혼자 떠날 뿐인데, 불합리한 일에 굴복하지 않은 비련의 여주인공처럼 나 자신이 너무 근사한데, 나를 보는 사람들이 만들어 주는, 내가 아닌 듯한 이야기, 자발적으로 사기를 당해주는 것 같아 장난스러웠다. 공항에서, 비행기 안에서 흘끔거리는 사람들의 시선에서 이상한 카타르시스를, 마치 무단횡단을 성공한 기분, 오래된 옷에서 지폐를 찾은 기분을 느꼈다.

아이러니하게도 사실 그땐, 의연해지고 싶었다. 열심히 일하니 알아달라, 다른 직원들보다 많은 일을 하는 건 좋아서 하는 거지만 대가를 바라지 않는 건 아니다, 사장처럼 일했으니, 사장이 알아서 월급을 올려주길 바랐고 겸손하게 못 이기는 척 받아들이고 싶었다. 그 힘으로 더 열심히 일하면서 주변 사람들의 부러움을 사며 쓸모 있는 사람이 되고자 했었다. 돈이라는 대가가 마음대로 되지 않자, 반대편에 있던 결핍이 치고 나왔다. 그 누구에게도 작정하고 상처 주려는 건 아니었지만, 결국 나를 향할 못된 말로, 감정과 기분이 표정과 태도로 그대로 드러났다. 견딜 수 없었던 나는 평정심을 찾기 위해서 시간과 공간을 벗어나야 했다.

욱해서 지른 홍콩, 최선을 다해서 여행했다. 매일 새벽 일찍 일어나 깨끗하게 샤워하고 진하게 화장한 후 제일 예쁜 옷을 입고 매일 다른 립스틱을 발랐다. 하이힐을 신고 관광지를 걸어 다녔다. 배가 불러도 먹고 술을 마시지 못해도 분위기 좋은 바에서 와인을 마셨다. 홍콩에서 사야 할 명품을 구경하고 그중 가장 저렴하거나 할인 폭이 큰 것을 찾아 샀다. 어두운 골목을 기웃거리고 트램을 타고 밤거리를 걸어 다

넜다. 그게 홍콩의 낭만이니까. 다리가 아파서 포기한 적은 없었으니, 최선을 다했던, 최소한 성공인 여행이다.

타인의 기대에 부응하지 못한 채, 몹쓸 생각과 행동은 없었던 홍콩 여행 후로, 혼자서 영화를 보고 혼자서 밥을 먹고 혼자서 많은 시간을 보냈다. 혼자 여행 후, 혼자 하는 데 자신감이 붙었다. 일상에서, 인간 관계에서, 나를 괴롭히던 것에서 멀어질 구멍을 찾은 것 같다. 아마 나를 괴롭히는 것들 중에는 나 자신이 포함되어 있었을 것이다. 나를 멀리서 보는 일, 천천히 되짚어 보는 일, 제3자의 시선으로 냉정하게 보는 눈이 필요했고 혼자 여행은 스스로 일상과 멀어지면서 삶을 바라보는 시선의 접점을 찾아주었다. 그렇다고 타인의 시선에서 완벽하게 자유로워진 건 아니었지만, 타인의 시선쯤은 가볍게 극복할 만큼 혼자 하는 데 익숙해졌다. 뭔가 모를 마음이 불편할 때마다 책을 보고 글을 써서 나도 모를 불안함을 해소하면서. 지금까지 책을 사는 데는 돈을 아끼지 않은 편인데, 그때 나를 달래주던 고마움의 마음이 담겨 있는 듯하다. 마음에서 스쳐 지나갔던 감정을 꼬집어 주는 단어, 마음을 정의해 주는 문장, 나와 상관없는 사람들이 하는 이야기, 백색소음 같은 고요함에서 평정심을 찾았다.

나도 내가 이렇게 살 줄 몰랐다. 공부의 재미를 알게 했고, 나를 꿈꾸게 했던 신문방송학 공부는 취업할 때 경영학과를 요구하는 이력서 앞에서 전공 콤플렉스가 되었다. 꾸역꾸역 작은 회사 들어가 모자란 자격증을 따서 취업한 후 나름의 삶을 만들었다. 왜 그렇게 인정받고 싶었는지 모르겠다. 회사를 계속 다니고 싶었고 사회에서 남들보다 나은 사람이고 싶었다. 그 잘난 척이 무색하게 30대가 되면 결혼해서 안정적이고 싶었다. 언젠가 결혼하고 아이를 낳고 뒷바라지하며 아등거리고 버둥거리는 걸 행복이라 여기며 살 줄 알았다. 평범하게 남들처럼 그렇게. 평범함이 사람마다, 시대마다 다르다는 걸 받아들이는 데는 정말로 한참이나 걸렸지만.

내가 생각하는 평범함은 과반수에 속하는 것이다. 51:49로 나뉘더라도 51에 속하는 것, 많은 사람 속에 섞여 있을 때 특별히 나를 설명하지 않아도 나의 처지가 예상되는 정도, 길에서 사람들이 다시 돌아보지 않는 정도, 타인이 내가 거기에 있었는지 없었는지 기억 못 하는 정도. 구르든, 넘어지든, 걷든, 뛰든, 흘러가는 방향이 비슷해서 적당히 예측되는 삶이 내가 믿는 평범함이었다. 분명히, 하라는 건 하고, 하지 말라는 건 하지 않으면서 나름 착실하게 살았는데도 예상대로 되어 있는 게 별로 없다.

전혀 예상하지 못했던 나로, 상상도 하지 못했던 나로, 서른아홉을 살아가고 있다. 달라진 게 있다면 나를 평생 지켜주리라 믿었던 자존심은 이미 부서져 가루가 되어 흩어졌고, 언성을 언제 높여 봤는지 잘 기억나지 않는다. 나이가 드니 자존심도 까먹나 보다. 갈등을 싫어하는 회피형 성격에 요령을 피울 기술이 늘어 요리조리 잘 피하고 다니는데, 회피형에게는 부딪히고 끝장내서 이기는 것보다 처음부터 나 죽

었소, 좋은 건 그대가 다 하시오 하며, 지고 들어가는 자세가 훨씬 더 유용하더라고. 더구나 글쓰기 같은 미래가 보장되지 않는, 현실적이지 못한 일을 사랑하면서 대부분의 시간을 쓰고 말하며 쉬면서 살아가고 있을 줄은 상상도 못 했다. (여기서 말하는 쉬는 시간은 에너지를 충전하는 혼자 있는 시간을 말한다. 내 삶에서 밥 먹는 시간보다 중요한 시간이다) 그래도 십 년 후의 내 모습이 기대되고 궁금한데, 그때까지 건강하고 안녕하게 살아야겠다고 가끔 자주 다짐한다.

이런 사람들을 사랑하면서 살 줄 몰랐다. 내가 사람을 이렇게 대하고, 이렇게 사랑할 거라곤 상상도 못 했다. 새로운 사람을 알게 되면 무조건 잘해준다. 시간이 지나면 상대방의 본성은 드러나는데 잘해준다고 무시하고 만만하게 대하는 사람은 친절하게 거절하고 더 이상 만나지 않는다. 잘 맞지 않는 사람과 의견이 충돌하고 중간을 찾는 일은, 예민하고 감정에 쉽게 깊이 찔리는 나에게는 맞지 않는 일이다. 사람과의 관계는 처음부터 방향 정도는 정해놓아야 꼬이지 않으며, 정들기 전에 정해야 한다는 걸 활용하고 있다. 그래서 사람에 대한 첫인상은 없고, 첫인상이 좋지 않았는데 좋아진 사람도 없으며, 나와 맞는 좋은 사람들만 남아있다. 군더더기 없이 오래오래 계속 볼 사람들만.

지금의 나는 그냥 흘러가는 대로 사는, 삶의 체력에 맞춰서 요령을 부리는 무던한 어른, 상승과 하강 없이 꽃이 피기만 해도 웃고, 잘 울지 않는 사람이 되어 있다.

건강하고 행복한 사람일수록 과거를 '좋다, 혹은 싫다'라는 감정으로 기억하지 않고 경험으로 기억한다. 감정이 빠져나간 틈에 살아 본 깨우침과 지혜, 슬기 같은 긍정적인 배움이 들어올 수 있다. 세상에 열정적으로 도전하면서 편안하고 안락하게 사는 사람은 없다. 이렇게 극과 극의 상황을 원하지만 않아도 우린 감정적으로 쉽게 행복해질 수 있다. 열심히 일하고 쉬고, 최선을 다하고 숨을 돌리면 될 것 같아도, 실제로는 쉬는 동안 자꾸 못다 한 일이 생각나고 미련이 남아 곱씹는 게 사람이다. 잘 놀고 잘 쉬란 말은 결국 둘 다 잘하란 말인데, 그게 어떻게 쉬울 수 있나. 나를 지켜줄 것은 용기보다는 현실의 안정감이기에 용기 내는 방법을 잊어가고, 용기 낼 힘은 방법을 잊으며 서서히 잃어가며, 그럴수록 쉬어도 된다는 용기를 내는 건 혼자서 할 수 없는 일이 되더라고. 이미 어른이 되었으니 도움받아야 한다는 생각을 하지 못한 채로.

여행은 삶과 닮아서, 여행 역시 계획대로 흘러가지 않지만, 계획을 세워 정리해 두면 기억을 꺼내는 데 매우 용이하다. 돌아와 보니 계획은 여행지를 실패 없이 다니기 위함이 아니라 여행 후 그 여행을 훨씬 더 잘 기억하고 되짚기 위해 필요한 기록물이었다.

그런데 나는 계획하고 기록하는 일은 아직도 잘 못한다. 여행도, 삶도.

#

사십 년을 살아낸 사람이 지금까지 살아온 시간과 공간을 떠난다는 건 낭만과 힐링, 여유, 여행의 목적을 떠나서 일단 중요한 결심이며 용기를 내어야 하는 일이다. 유럽 여행은 많은 시간과 비용이 들어가는 중요한 선택이며 나의 부재에도 흘러갈 일상의 시간을 포함한 책임감까지 고려해야 한다. 삶의 터닝포인트가 필요해서, 혹은 그냥 훌쩍 떠났다는 말은 참 멋진데, 세상에 이유 없는 일은 없다. 이유가 없다고 믿는 일도 그 이유를 무시할 힘이 있다는 말일 뿐이다. 삶의 터닝포인트가 필요하다는 생각이 들 때는 힘들어 지쳐 쓰러진다고 바쁘고, 훌쩍 떠나려면 다음 달 카드값과 통장 잔고를 찾아보는 게 순서다. 훌쩍이란 단어를 쓰려면 무책임이란 단어를 감당할 수 있어야 한다.

오랜 시간을 많은 사람과 관계를 맺고 일을 하고 함께 울고 웃은 가족과 친구가 있는데, 어떻게 그 많은 시간과 비용을 쓰는 일을 혼자서 결정할 수 있을까. 그건 내 삶과 나를 사랑하는 사람에 대한 예의가 아니다. 긴 여행일수록 더더욱 그러하다. 지금까지 일구어 놓은 일상의 연속을 두 달 이상 쉬어가는 일은 혼자서 결정할 수 없다. 그래서도 안 된다. 여행을 떠나겠다는 다짐 이전에, 계획 이전에 나의 일상과 관련된 수많은 사람들과 진행되고 있는 일과의 타협이 먼저다. 낯선 곳에서 낭만과 우연의 기쁨에 흠뻑 젖기 이전에, 안전할 방법과 몸의 건강을 점검하고 여행지에서 필요한 돈을 모으고 계절을 예상하여 입을 옷을 들고 다닐 방법을 찾는, 기본적인 삶을 이어갈 수 있는 방법을 찾고 돈을 모아야 한다. 일상도 여행처럼 소중히 다루고 존중해야 하며 여행 또한 인생의 일부분이다.

여행은 일상을 타지로 옮기는 일이다. 장기간 여행은 낮에는 따사로운 햇볕을 받으며 산책하고 밤에는 유람선을 타고, 스테이크를 썰다가 깔끔한 호텔에서 잠을 자는 호화로운 힐링의 연속은 아니다. 타지에서 의식주를 스스로 해결하면서 그동안 제대로 하지 못했던 실수를 하고 그 실수에 너그러워지면서 잊고 살았던 다른 종류의 기쁨을 찾아 나서는 일, 일상을 떨쳐내려다 문득 떠오르는 지겨웠던 일상을 사랑스럽게 받아들이는 일. 타인의 일터로 들어가 일하지 않는 자가 되어 처지를 바꾸어 보고 나의 삶을 돌아보는 일이다.

일상에서는 내 기분을 제대로 알지 못한 채 타인의 기분까지 느끼며 산다. 이 말을 하면 상대방이 기분 나쁘겠지, 거절하면 속상해할지도 몰라, 이런 행동은 여기서 어울리지 않아, 마음을 가다듬으면서도 촘촘히 변한 나의 기분은 제대로 알아채지 못한 채, 복합적인 기분으로 일상은 이어진다. 여러 사람을 만나면서 그들의 기분까지 책임지면서 무엇인지 모를 감정들을 잊고 까먹고 지운다. 사회생활로 다듬어진 습관이 된 책임감이 나의 감정, 타인의 감정까지 넘어오는 것이다.

하지만 여행에서는 책임져야 할 기분이 없다. 내 기분마저 단순하다. 좋으면 좋고, 싫으면 싫고. 모든 선택은 내가 했고, 모든 잘못과 실수의 이유는 나이며, 내 기분의 이유가 오롯이 내가 된다. 그래서 실패에도, 실수에도 너그러워질 수 있다. 어차피 다 내가 저지른 일이자 오롯한 나의 기분이니까. 누구에게도 방해 받지 않은 나의 기분을 존중하며 가벼워질 수 있다.

서른아홉, 나는 다시 짐을 쌌다.

결혼하면 유럽 여행을 할 수 없을 거란 주변 사람들이 하는 말은 틀리기도 하나보다, 생각하면서 29인치 캐리어를 새로 사고 생필품을 넣었다. 장기간 여행용 캐리어를 검색하면서 세로 1.5m짜리 초대형 캐리어가 있는데, 비행기의 화물로 보낼 수 없다는 것을 처음 알았다. 새삼스럽게 속옷이 몇 개인지도 세어 보았다. 새 옷도 샀다. 여행이니까. 짐을 싸고 새 옷의 비닐 팩을 뜯으면서, 나이 들면, 결혼하면 유럽 여행을 하지 못할 거라고 말했던 사람들이 하나, 둘 생각이 났다. 적어도 그런 말을 했던 사람들보다는 잘살고 있나 보다, 하는 이상한 안도감을 느끼면서.

다시 떠난 이번 여행은 패키지여행이 아니다. 여행을 함께하는 손님 리스트는 없다. 직접 비행기와 기차를 예약하고 호텔을 잡아 직접 체크인, 체크아웃했다. 하나씩, 차근히, 그리고 모든 것을 스스로 결정하고 선택했으며 행동으로 옮겼다. 전문가에게 맡기던 일을 스스로 할 수 있는 사람이 되었으니까 나름 괜찮게 살아온 거 아닌가. 낯선 곳에서의 삶이 두렵지만 그 위에 설레는 마음을 쌓고 짐을 싸며 80일 동안 현실을 떠나기 위해 마음을 굳게 먹었다.

그러함에도 여행을 좋아하냐고 묻는다면 잘 모르겠다. 친구들이 여행을 간다고 해도 딱히 부러운 감정이 들진 않는다. 좋겠다, 나도 떠나고 싶다는 마음보다 그 시기 동안 내가 해야 할 일들이 그려진다. 친구의 여행 이야기는 쉽게 잊어졌다. 특별히 가고 싶은 여행지, 죽기 전에 가봐야 할 곳 같은 버킷리스트도 없다. 일상에 미련이 가득해서 없어졌다는 말이 더 정확할지도 모르지만.

노년에 여행이나 다니면서 사는 삶이 과연 가치가 있을지, 진정 여유가 있을지도 잘 모르겠다. 그 말이 어쩐지 학생에게 공부는 잘하니, 청년에게 취업은 했니, 30대에게 결혼해야지, 결혼한 부부에게 아이를 낳아야지, 하는 정해놓은 답처럼 들린다. 일상보다 더 많은 돈을 쓰며 오랜 시간을 이동하면서 타인의 도움 없이, 예상치 못할 우연에 부딪히는 삶을 살아야 하는 여행이 오롯한 힐링과 쉼이 되기 위해서 무엇을 어떻게 해야 할까. 정말 떠나기만 하면 될까.

그에 대한 해답을 알지도 못하면서 나는 여행을 기웃거린다. 수시로 비행기를 검색하고 특가가 뜨면 가볼까 고민하면서 핸드폰을 꺼내 스케줄과 약속이 적힌 스캐줄표를 점검해 본다. 제주도는 오늘 비행기를 예약하고 내일 공항으로 간다. 비행기티켓만 있으면 여행 준비가 다 된 기분으로 기내에 들고 탈 수 있는 작은 캐리어만큼만 짐을 싼다. 아, 옷은 색깔별로, 자는 일수만큼 넣는 편이다. 별 계획 없지만 하루하루 다른 색깔의 기분으로 걷고 맛있는 음식을 먹으며 다른 생각하면서 드라이브하고 싶어서. 공항에서 호텔과 렌터카를 예약하고 밥은 어디서 먹을지, 무엇을 할지 정하지 않은 채로 집을 떠난다. 맛이 좀 없으면 어때, 갈 곳이 없으면 어때, 비가 오는 게 왜? 하고 생각한 지 꽤 오래되었다.

유럽에 있는 동안 제주도 여행을 하고 싶다는 생각을 수없이 했다. 박물관 같은 유럽의 어느 도시를 둘러보고 미술관을 관람하며 그 나라의 커피를 마시고 호텔로 돌아와서, 부산에서 제주도행 비행기와 1월 제주도 여행, 1월 애월 가볼 만한 곳을 검색했다. 그러면서 혼자 많이 웃었다. 이렇게 낭만적인 런던에서, 이렇게 근사한 파리에서, 이 도시가 이렇게나 아름답고 충만한데 제주도라니. 제주도 여행은 렌터카를 간단히 빌릴 수 있으니까 어디든 쉽게 갈 수 있는데, 이렇게 많이 걷지 않아도 되는데, 캐리어가 작은데, 늘 가던 호텔이 있는데, 입맛에 맞는 한국 음식을 먹을 수 있는데 정도 바랐던 것 같다. 어쩌면 일상이 되어버린 유럽 여행에서, 제주 여행 나름의 쉼을, 제주도만의 날씨가 특별해졌는지도 모르겠다.

솔직히 아직도 구체적이며 세세한 이유는 잘 모른다. 잘 모르겠다고 말할 필요가 없을 만큼 이유가 궁금하지도 않다. 이유를 모른다는 사실을 잊은 채, 또 무의식적으로 제주도 비행기티켓을 검색하고는 낮은 현무암 돌담이 있는 제주도 해안 길을 걷는 상상을 한다. 아마 조만간 제주도로 떠날 것 같다. 지금의 마음을 또 금방 까먹을지도 모르지만.

이유가 없거나 이유가 간단한 일이 나는 좋다.

그렇게 서로를 존중하여

우리는 국제 부부다, 라고 말하면 거창하지만, 남편은 헝가리에서 일하고 나는 한국에서 글을 쓴다. 작년 이맘때쯤, 이직한 남편이 두 달 만에 헝가리로 발령받았다. 남편이 처음 발령 소식을 전했을 때 정말 많이 놀랐다. 몇 년은 떨어져 있어야 한다는 막연한 불안과 우습게도 내 나이가 먼저 계산되었다. 며칠을 감정적으로 걱정했고, 그 후로 다시 며칠을 현실적으로 생각했다. 결과론적으로 남편은 이미 결심했으니, 나에게 선택권은 없었다. 둘 다 만족하고 행복할 수 있는 서로를 위한 최고의 선택은 없다. 최악을 피해야 했다. 어느 정도 마음이 진정되었을 때 그려본 최악의 시나리오는 내가 붙잡았지만, 남편이 헝가리로 떠나는 거였다. 또 다른 최악도 있었다. 내가 붙잡았는데 남편이 한국에 남아 두고두고 아쉬워하고 나를 원망하면서 사는 것이었다. 예상한 두 최악에는 남편을 붙잡는다는 전제가 붙었다. 나는 남편을 보내기로 마음먹었고 남겨진 사람의 몫은 마음을 추스르는 일이었다. 떠나는 사람과 남겨진 사람의 입장과 할 일은 명확히 달랐다. 남편은 햇반과 속옷, 양말, 거기서 볼 책들을 사며 헝가리를 부지런히 탐색했고, 나는 택배 박스를 치우면서 마음을 달래는 연습을 했다.

눈에서 멀어지면 마음에서도 멀어진다는 말이 있다. 나 역시 이십 대 때에는 진리라 믿었다. 울산에서 부산도 장거리라 생각해서 부산 남자와 연애하지 않았었다. 실제로 울산에서 부산은 차로 한 시간 거리다. 울산의 끝에서 울산의 끝도 한 시간인데. 이제는 그 진리를 깨고 우리 부부만의 믿음을 만들어야 했다. 남편과 함께 헝가리로 갈까, 고민해 보지 않았던 건 아니다. 나야 워낙 내향적이고 게을러 동네 카페와 책 몇 권만 있어도 심심하지 않고, 문화가 다르지만 다 사람 사는 곳이니 적응은 하면 될 터이다. 어디든 영어는 통하고 글이야 노트북을 열고 쓰면 되니까. 책을 구하는 게 좀 어렵겠지만 서너 달에 한 번씩 한국에 들어올 때마다 구하면 된다. 어디에서든 사는 방법은 있고 삶은 나름의 방식대로 만들어진다는 걸 잘 안다. 선택하느냐, 하지 않느냐의 문제다.

하지만 순수하고 무모하면 안 될 나이다. 새로운 것을 배우고 받아들이기보다는 지금까지 배우고 습득한 기술을 잘 써먹어야 쉽게 산다는 걸 잘 알고 있다. 새로운 도전을 해도 자리 잡을 때까지는 잘못된 선택이며, 돌아보며 추억할 기억도 이미 충분하다. 굳이 고생하면서까지 만들 필요 없을 만큼. 인간관계와 일, 주변의 시선도 무시할 수 없었다. 당장 잡혀 있는 강의와 수업, 출간 계약을 포기할 수 없다. 아니, 포기하면 안 된다. 일하는 만큼 쉬며 즐기고 싶기에 무조건 열정을 쏟을 만큼의 여력도 없다. 더 솔직히 말하면 남편 하나 보고 헝가리로 가는 건 처음으로 다시 되돌아 가 지금의 나 자신을 잃는 기분이었다. 현실에 미련이 잔뜩 남아있는 서른아홉 나는, 나를 찌들게 하는 현실을 애정하는 사람이었다.

나이가 들수록 어디론가 훌쩍 떠나는 일은 새로운 시작이 아니라, 지금을 정리해야 하는 일이 된다. 새로움의 영역보다 현재가 훨씬 크다. 별다른 설명과 설득 없이도 그 괴롭다는 회사를 그만두지 못하는 이유를 잘 이해하고 수긍할 수 있다. 결혼 후 함께 아끼고 모아 장만한 집, 몇 년째 타고 있는 좋아하는 차, 집구석에 자리 잡은 냉장고와 세탁기, 전자제품과 가구들. 아쉬울 때 찾을 부모님과 가족, 글을 쓰고 강연하는 일의 흐름을 놓을 준비가 되지 않았다. 아니, 용기가 없었고 스스로를 설득할 만큼의 현실을 떠날 이유를 찾지 못했다.
남편을 헝가리로 보내고 외롭지 않으냐고 묻는 사람들이 많았다. 내가 외로운가, 그렇지 않은가에 대한 대답을 하기 전에 외로움이 뭘까 생각을 해보았다. 하루 종일 책을 보고 글을 쓰다가, 밥을 먹고 멍하니 TV만 봐도 나름의 행복함을 찾는데, 이렇게 내향적이며 타인과 접촉 없이 행복할 수 있다는 걸 안 지는 그리 오래되지 않았다. 밖에서 쓸 에너지가 많지 않은 사람이라는 걸, 에너지를 쓰기 위해서는 꼭 충전하는 시간이 있어야 한다는 걸 아는 데 이십 년이 걸렸다. 글을 쓰지 않았다면 아직도 모르고 살고 있을지도 모르겠다. 어쩌면 부정적일지도 모를 심심함이 삶이 안정적으로 되는 데 이로웠고, 마음의 빈 공간은 다른 이름으로 채워졌다. 편안함으로 흐릿해졌다는 표현도 좋다. 아무것도 하지 않아도 되는 시간이 얼마나 편안하고 안온한지 너무도 잘 안다. 이불에 몸을 넣고, 다리를 뻗고 있으면 몸이 노곤해지고 쓰고 싶은 문구가 머릿속에 가득하고, 움직여야겠다 싶으면 천천히 씻고 차를 운전하여 영화 한 편 보고 집으로 돌아오면 하루가 훌쩍 다 가버린다. 외출할 때마다 샤워하는 습관은 샤워만 해도 하루 종일 깨어있는 기분을 만들어 주었다. 20대 때는 심심하고 외롭다는 생각을 했었다. 친구와 약속 없는 주말 동안을 혼자서 집에서 보낼 때, 연애에서 원하는 만큼의 사랑을 받지 못할 때 한없이 심심하고 외로웠다. 그땐 모든 자극에 반응하며 살고 싶었고 그 많은 자극은 또 사는 걸 버겁고 힘들게 했었고.

이제 결혼한 지 십 년이 되어간다. 결혼이 준다는 흔한 안정감에 적당히 취한 평범한 어른으로, 사랑이란 타인에게 요구하지 않고 스스로 채워야 한다는 걸 배워 몸과 마음으로 익히는 중이다. 나를 애태우는 사람은 적당히 거리를 두면서, 주변 친구들 역시 멀리서 보면 충분히 안온한 각자의 삶을 살아가고 있다. 자극받길 원하고, 그래서 지치고의 악순환은 반복하지 않는다. 수다 떨고 관심사를 나누는 일, 쓰고 말하는 일과 나를 돌보는 일이 균형을 맞추어 어느 하나로 기울어지지 않도록 빠져나간 만큼 다른 무언가가 채우고 있는데, 글을 쓴 덕분에 빈 공간이 스스로 채워져 나는 누구보다 나와 잘 논다.

진짜 외로울 때라면 사랑받지 못하고 잘 놀지 못해서가 아니라, 나에게 주어진 책임을 오롯이 스스로 해내야 한다고 느낄 때였다. 나에게 주어진 책임감을 제대로 감당할 수 없을지도 모른다고 판단될 때, 나를 향한 신뢰로 인한 기대와 의무감이 버겁다고 판단될 때, 그 판단을 오롯이 혼자 하고 있다고 생각할 때, 고요하고 세밀한 외로움이 몰려온다. 이젠 외로워서 모임을 찾아 나서기보다는 자발적인 고독에 익숙해져야 한다는 것도 잘 알고. 남편을 헝가리로 보내야겠다고 다짐하는 동안은 꽤 외로웠던 것 같다. 마음을 추스르고 다잡는 일은 나 혼자밖에 할 수 없으며, 남편의 일과 꿈을 존중하기 위한 배려였으니까. 남편의 빈자리와 나는 한국에 남았지만, 시간은 지나갔고 일상은 잘 자리 잡았다. 늘 하던 대로 어제처럼 생각하고 행동하면 시간도, 마음도 어떻게든 되었다.

남편은 3개월에 한 번씩 한국으로 들어와서 2주 정도 머문다. 2주 동안 우리는 서로에게 최선을 다한다. 연애 시절 데이트처럼 함께 가고 싶었던 곳을 가고 맛있는 걸 먹는다. 시차 적응도 제대로 하지 못한 채 눈을 감으면서 초밥을 꾸역꾸역 먹는 모습은 너무도 우습다. 남편은 산타가 되어 오래된 샤워기를 교체해 주고, 함께 세차를 하면서 밀린 이야기를 한다. 장난을 치고 농담하면서 언제쯤, 이 생활이 끝나나,

우리의 삶은 옳은가, 결정을 후회하지 않나, 지금 하는 일이 우리가 떨어져 있을 만큼 가치 있는 일인가, 앞으로 어떻게 할 거냐, 누가 더 힘드나, 하는 진지한 대화는 없다. 최선을 다해 놀고 서로의 빈자리를 채워주었다가 떠날 날이 오면 기쁘게 헤어지고 다시 각자의 삶에 복귀한다. 우리가 함께 있는 동안도 각자가 해야 할 일은 쌓이고 밀리며 흘러가고 있었으니까.

그렇게 1년, 이번에는 내가 헝가리로 가기로 했다. 시기가 좋았다. 마침 출간하기로 했던 소설이 내년 4월로 미루어졌다. 12월 초를 마지막으로 올해 강연은 마무리했고 내년 진행하기로 한 커리큘럼은 시기를 조절할 수 있었다. 유럽 여행은 겨울이 비수기다. 오후 세 시부터 해가 지기 시작하고 4시면 어두워진다. 밤이 길고 춥다. 흐린 날이 대부분 이어져 맑은 날, 날이 좋은 날이 별로 없다. 나에게는 아무 상관이 없었다. 오히려 좋았다. 사람이 많지 않은 현지의 골목을 걷는 일이 좋고 흐린 날을 좋아한다. 관광객으로 북적거리지 않는다는 점도 좋았다. 연말을 유럽에서 보내자는 남편의 말에, 막연하게 꿈꾸었던 프라하가 머릿속에 맴돌았다. 프라하에서 글을 쓰는 일, 프라하성에서 커피를 마시는 일, 프라하 공기로 입김을 호호, 불며 밤거리를 걷고 싶었다. 고민하는 건 '현실의 나'였다. 혹시 유럽에 가 있는 동안 강의가 들어오면 어떻게 하지, 행사가 생기면 어떻게 하지, 출간 제의를 놓치진 않을까, 진행하고 있는 출간 프로젝트는 괜찮을까. 현실을 유지해주던 아쉬운 것들이 자꾸 머리를 맴돌았다.

노트북을 열어 비행기티켓을 검색했다. 대한항공 직항 165만 원, 중화항공 78만 원. 대한항공을 타면 헝가리 부다페스트까지 바로 간다. 중화항공을 타고 가면 중국에서 4시간을 기다려야 했다. 무려 90만 원이 차이가 났다. 90만 원은 돈이 아니라 모니터에 보이는 숫자일 뿐인가. 돈을 버는 일은 어떤 일도 만만치 않은데, 쓰는 건 이렇게까지 차이가 나도 되나. 유럽 여행, 비행기 예약은 잊고 금방 산만해졌다. 90만 원으로 할 수 있는 게 뭐가 있더라. 두세 달 정도의 용돈, 장바구니에 담아두었던 걸 모두 살 수 있는 돈이었다. 대한항공을 타는 건 그 물건들을 포기하는 기분이었고, 중화항공을 타는 건 그 물건을 갖는 기분이었다. 아무 선택도 하지 못했다. 다음 날 다시 비행기표를 검색했다. 78만 원이었던 비행기표 값은 83만 원으로 올라 있었다. 묘하게 기분이 나빴다. 지금, 이 티켓을 사면 손해 보는 것 같았다. 그에 비해 165만 원은 그대로였다. 마치 나를 속이지 않는다는 듯이.

비행기표를 산다는 건 기내의 공간 확보와 단순히 하늘길을 이용하는 이용료를 지급하는 일은 아니다. 여행의 시작인 비행기가 지연되거나 취소되면, 혹은 짐을 잃어버리기라도 한다면 상상할 수 없는 변수가 생긴다. 말이 통하지 않는 나라에서, 서비스의 진행 과정을 알지 못한 채로 많은 시간과 비용을 써야 한다. 여행에서 생기는 사건은 시간이 지나면 추억이 된다지만 그 순간은 괴로운 두려움이자 고생이다. 훗날 추억이 되기 위해 여행의 고생을 찾을 필욘 없지 않나. 잘 기억하고 잘 정돈하면 좋은 추억이 얼마나 많은데.

긴 비행시간이 떠나지 못하는 이유 혹은 걱정은 아니었으면 좋겠다. 비행기를 타고 이동하는 건, 말 그대로 수단일 뿐이다. 목적이 아니다. 여행이 꼭 목적이 필요한 일은 아니더라도, 여행의 목적은 불안하지 않을 수단이 되어줄 수 있다. 수단을 감내해야 비로소 목적에 도달할 수 있고.

여행을 결정하는 데도, 기간을 정하는 데도 타인의 조언과 도움이 필요하다. 삶의 결정적인 한마디를 해줄 수 있는 사람이 한 명쯤 가까이 있으면, 혼란과 빈틈이 있을 때 의외로 빨리 풀리기도 한다. 그래서 우리는 관계를 맺고 함께 살아가고 있는 사람들과 상의해야 한다. 혹시 모를 사고와 서러움을 하소연할 사람이 있어야 하니까. 말 한마디에도 결정을 위한 용기를 얻기도 하며 결정적인 핑계가 되어주기도 하니까. 핑계와 이유는 한 끗 차이더라고.

며칠 후, 남편이 비행기티켓을 구매했냐고 물었고, 상황을 이야기했다. 이놈의 비행기표 값은 왜 이렇게 달라지나, 이거 사기 아니냐고. 내 말에는 78만 원짜리 티켓을 사지 못한 억울함이 담겨 있었다. 남편은 웃으면서 중국에서 헤매지 말고, 짐 잃어버리지 말고, 아는 사람 하나 없는 공항에서 4시간 방황하지 말고, 오랜 비행에 피곤할 텐데 낯선 곳에서 낯선 말을 들으면서 기다리지 말고 대한항공을 타고 오라고 했다.

그 말에 165만 원에 캐리어 추가하여 비행기티켓을 결제했다. 나의 유럽 여행은 시작되었다.

#

어디를 가든 예약하지 않고 가는 걸 좋아한다. 물론, 일과 기타 등등은 다르다. 일은 명확하고 철저한 계획형이라면, 기타 등등은 지독하게도 즉흥적이다. 무엇보다 하기 싫어질까 봐, 그새 질릴까 봐 걱정이 크다. 나 자신은 믿지만 나의 감정은 도무지 믿을 수 없다. 예약해 두었는데 혹시 가는 길에 무슨 일이 생기면 어떻게 하나, 혹시 가기 싫어지면 어떻게 하나, 하는 생각을 늘 한다. 아니, 마음이 갑자기 바뀔까 봐 겁이 난다. 예약이라는 단어를 떠올리면 자연스럽게 '굳이?'라는, 물음표가 달린 단어가 함께 떠오르는데, 이 물음표가 억지로 무언가를 하지 않는 방법이기도 하다.

피치 못할 사정으로 예약하고 가는 길엔 예약이 제대로 되어 있지 않으면 어떻게 하지, 하는 이상한 걱정에 불안하면서도 타인이 예약한 상황이라면 또 상관없다. 유독 내가 직접 예약했을 때 불안하다. 내가 한 예약이 잘못되면 타인에게 미안해야 하지만, 상대방이 한 예약이 잘못되면 너그럽게 이해하고 괜찮다고 말하면 되니까. 타인의 실수는 착한 사람이 되고 너그러워질 기회처럼 느껴진다. 나의 불안은 미안한 마음에 대한 부채감에서 시작하는 듯하다. 나에게 만족감은 대부분 내가 타인을 이해해 주었을 때 크게 채워졌다.

예약하지 않아서 그 일을 하지 못했을 때는 두 가지 감정이 느껴지는데 어떤 일은 정말 아무렇지도 않고, 어떤 일은 무한히 아쉽고 섭섭하다. 아쉽고 섭섭하다는 건 진정으로 하고 싶다는 거니까 그건 다시하면 된다. 이럴 땐 예약한다. 확실한 일이니까.

이는 좋아하는 일을 찾는 좋은 방법이 되어주었다. 아쉽게 돌아서면서 진짜 원했다는, 확신을 갖는 쾌감을 느끼는데 덕분에 '나는 확신이 필요한 사람'이라는 나에 대한 소중한 정보를 찾게 되었다.

#

유럽 여행을 위해 비행기를 타기 전, 공항에서 비행기티켓 사진과 여권을 인스타그램 피드에 올렸다. 대부분 부럽다는 반응이었다. 사실 그때 무섭고, 무거웠다. 일주일이 넘지 않는 짧은 여행은 자주 했어도 장기간 여행은 처음이었다. 새로움에 서툴고 제일 자신 있는 게 글 쓰고 말하는 거였는데 말과 글로 의미를 전달할 수 없는 타지에서의 생활이 막막했다. 간단한 질문과 대답만 가능한 생존형 영어로, 심지어 문화가 다르고 자국의 언어가 따로 있는 나라에서 무엇을 할 수 있을까, 어떻게 살아내야 하나. 유럽 여행 간다고 새로 산 하늘색 트레이닝복을 입고 새벽부터 바들바들 떨었다. 손톱 매니큐어를 지우고 발이 편한 낡은 운동화를 신고서.

오전 10시 비행기를 타기 위해 8시 전에 공항에 도착해야 했다. 공항까지 갈 시간을 계산해서 새벽 4시에 일어나 준비하고 5시에 집을 나왔다. 우리 집은 4층, 겨울옷과 생필품을 가득 담은 캐리어 두 개를 끌고, 빵빵한 백팩을 메고 계단을 내려왔다. 캐리어 하나도 마음처럼 옮겨지지 않았다. 백팩을 벗고 땀을 뻘뻘 흘리며 두 손으로 들어야 겨우 움직일 수 있었다(그땐 몰랐지만, 공항에서 캐리어 무게를 재 보니 27kg이었다). 힘들어 쉬고 있으면 계단 센서 등이 꺼졌다. 온몸에서 땀이 흘렀다. 새벽 시간 다른 사람들이 깨지 않도록 최대한 조용히, 천천히 내려왔다. 정말 환장할 노릇이었다. 그날 4층에서 1층까지 내려오는 데 한 시간 가까이 걸렸다.

부다페스트 공항에서 남편과 상봉했다. 정확히 얼마 만인지 모를 오랜만이었다. 우리는 이제 만날 날을 꼽으며 눈물을 흘리는 애틋한 사이가 아니라 서로의 안녕만 확인하면 금방 심장 박동이 편안해지는 친한 사이가 되었다. 부다페스트 공기는 어색했지만, 안 보는 동안 조금 늙고 머리숱이 줄었으며 살이 찐 듯한 한국 아저씨가 나를 보며 손을 흔드는 순간 한국에서처럼 숨 쉴 수 있었다. 해외에서 차를 타고 직접 운전해서 아내를 데리러 오는 남편이라니, 뭔가 성공한 듯한 기분이 들었다. 겨울용 짐으로 가득한 캐리어를 차에 싣고 공항 주차장을 빠져나오는데 주차장 차단기가 열리지 않았다. 남편은 거침없이 차단기 옆 기계의 버튼을 누르고 한국말 억양으로, 심지어 사투리 억양으로, '아이 돈트 리시브 페이퍼'라고 외쳤다. 순간 '아, 이 남자 헝가리로 보내길 참 잘했구나' 하는 생각을 했다.

　남편을 기쁜 마음으로 보내줘야겠다고 마음을 다잡은 결정적인 이유는, '이 남자도 꿈이 있구나'를 느꼈기 때문이었다. 남편은 헝가리로 발령받았다고 말하면서 해외에 공장을 짓는 게 자신의 꿈이라고 했다. 결혼하고 살면서 잊고 있었던 이 남자를 사랑했던 이유이기도 했다. 자기 일을 사랑하고 불평 없이 묵묵히 마주하는 모습에 반했다. 나 때문에, 현실 때문에, 나와 결혼했다는 사건 때문에, 그 꿈을 가두어 두고 싶진 않았다. 남편의 꿈을 가두는 아내가 되기에 겨우 남은 자존심이 허락하지 않았다. 적어도 나와 평생 함께하기로 한 약속이, 우리의 결혼이, 그러니까 내가 이 남자의 꿈에 방해되지 않길 바랐다.

　중요한 결정을 할 때, 고민하기 이전에 포기할 수 없는 것들을 찾는다. 절대 포기할 수 없는 걸 남겨두면 선택은 의외로 쉽고 명쾌하다. 그리고 포기할 수 없는 건 금방 직시한다. 남편의 꿈을 가로막을 수 없으니 기쁘게 보내주기로 했었다. 어차피 마음을 가다듬고 감정을 정리하는 건 오롯한 내 몫이니까. 헝가리로 떠나기 전 남편은 꼼꼼하며 소심한 성격이었다. 틀린 말을 하면 심히 무안해하고 부족한 면을 보이지 않으려 했다. 처음에는 서로 좋은 모습만 보여주는 게 사랑이 아니라 생각해서 많이 속상해했는데, 함께하는 시간이 길어질수록 그런 면을 존중해 주는 법도 터득했다. 가정의 평화를 유지하기 위한 인내라고나 할까.

　헝가리란 낯선 나라에서 저렇게 한국적인 발음으로, 큰소리로, 거침없이, 자신감 있게 말하는 모습을 보면서 여기서도 잘 해내고 있구나,

생각하며 투박하게 믿음직스러운 그 모습이 멋있다고 느껴졌다. 어쩌면 이 남자의 진짜 모습일지도 모른다고 생각하면서.

부다페스트에 도착했지만, 아무 계획이 없었다. 한국에서 예약한 왕복 티켓 중 가는 편은 소멸했고 2월 말경, 오는 편만 남은 비행기티켓, 그게 다였다.

#

생활 환경이 바뀌었다고 몸은 쉽게 의지를 따라주지 않는다. 몸이 여행지에 도착했다고 해서 그 나라의 문화에 바로 녹아드는 건 아니다. 한국의 시계에 맞춰져 있는 바이오리듬과 식습관, 요일마다 하던 습관이 그대로 남아있다. 여행의 시작에는 몸과 머리가, 마음이 적응하는 시간이 필요하다. 일상을 잊고 해야 할 일과 의무감을 지울 시간, 내 나이가 몇 살이고 어떤 일을 했으며, 어디까지, 무엇을 책임지고 살았는지, 현실의 나를 지워야 비로소 여행하는 나를 위한 준비를 할 수 있다.

단순히 놀이, 관광을 위한 여행이라면 일상의 나 위에 가벼운 재미로 덮으면 된다. 꼭 가야 할 관광지를 찍고 그 앞에서 '브이'한 후 빠져나와 그곳의 유명한 맛집을 검색하고 가장 위에 나오는 곳에서 가장 유명한 메뉴를 주문한 후 먹으면 된다. 하지만 진정한 나를 위할 여행을 위한 여행이라면 가야 할 곳을 스스로 찾으며 나의 취향을 돌아보고 스스로에게 어떻게 시간을 보낼지 질문해야 한다. 경험과 지혜를 만들어 가는 여행을 위해서는 그 무엇보다 가벼운 나를 준비해야 한다. 나를 아는 사람이 아무도 없는 곳에서, 아무 일도 하지 않으면서 오로지 잊고 지우면서 적극적으로 나를 잊는 시간과 나에게만 맞는 맞춤형 질문이 필요하다.

  - 의무감 없는 곳에서 쓸 만큼의 돈이 있다면 나는 무엇을 할까.

이 대답은 일상에서 할 수 없다. 나 자신에게 질문할 수도 없다. 대답을 하더라도 지극히 현실적인 대답일 것이다. 일상에서 할 일이 없는 곳은 극히 드물며 밥 먹고 잠을 자는 곳은 이미 정해져 있기에 침대 위에서는 걱정을 하다가 잠이 들지, 재미있는 상상을 하긴 어렵다. 당장 핸드폰만 열어도 욕심을 채우기 위해서 도대체 얼마만큼의 돈이 있어야 할까, 가늠되지 않는다. 단순한 시간적 계획에서 나아가 여행지에서 어떤 선택을 하고 어떻게 움직일지 예상하는 일, 열심히 살았던 일상을 애도하며 나를 돌아보고, 새로운 호기심을 불러들이려면 현지에서의 적응할 시간과 여력이 있어야 한다. 그래서 출발하기 전에 세웠던 계획은 여행지에서 쉬이 힘을 잃는다. 한국에서 프라하의 호텔을 검색하는 것과 프라하역에 도착해서 호텔까지 가는 법을 알아보고 직접 캐리어를 옮기는 일은 천지 차이다. 물론 후자가 훨씬 더 정신 똑바로 차려지고 마음이 복잡하다. 대부분의 여행 계획이 틀어지는 것은 이 때문이다. 관광지는, 가보고 싶은 곳은, 먹고 싶은 음식은 그대로 있지만 그곳에서 내가 무슨 짓을 할지 도무지 알 수 없다.

유럽으로 떠나기 전 생각했던 나의 여행 계획은 온통 일할 생각뿐이었다. 비싼 돈 들여서 여행을 왔으니 막 놀기만 할 수 없다는, 여행에 들어갈 비용에 대한 암묵적인 책임감과 현실적인 걱정이 깔려있었다. 여행 왔다고 갑자기 한국에서 생각하던 습관들이 잊어 지지도 않았다. 더구나 나 같은 현실 겁쟁이는 무조건 막 놀지도 못한다. 4월에 출간할 소설을 마무리해서 출판사에 넘기고, 다른 소설을 퇴고하고, 진행하고 있는 출간 프로젝트 원고를 피드백 해주기, 과하지 않게 여행하기, 좋다, 행복하다는 감정에 취하지 않기, 사람들의 친절함과 불친절함으로 한 나라를, 그 도시를 판단하지 않기, 정도 다짐했다.

그러함에도 여행에서는 자유로워지고 가벼워지기 위한 노력이 통했다. 소속감이 없어지면 금방 불안해지는 일상에서 벗어나 주머니에 손 찌르고 걸으며 말이 통하지 않는 사람들의 삶을 멀찍이 구경하면서 삶을 허술하게 살아도 된다는 안락함을 느낄 수 있었다. 멀쩡한 성인이 1인분의 역할을 하지 못한다는 두려움을 망각하고, 사람을 왜 인분이라고 표현하는지에 궁금증을 가지며 똑같이 1인분을 주어도 사람마다 부족하면 더 먹기도, 많으면 남기기도 한다고 웃을 수 있다.

여행의 시작은 비행기가 해준다. 계획도 여행 가서 세우자.

떠나려면 비행기티켓을 사면 된다. 그보다 구체적이며 확실한 건 없다.

부자가 뭐였더라

헝가리에 도착하고 데브레첸에서 며칠을 앓았다. 시차 적응을 빨리 해 보겠다고 새벽 3시의 몸을 이끌고 추운 날씨에 산책하고 밥도 먹었다. 한국시간으로는 새벽이었지만 헝가리시간으로는 이른 저녁이었다. 평소 감기도 잘 걸리지 않고 잔병치레하지 않는 건강한 체질이라 건강을 자신했던 탓도 있을 테다. (헝가리시간으로) 밤에 누워도 잠들지 못했고(한국시간은 오후였으니까, 심지어 난 낮잠도 안 자는 사람) 새벽에 눈을 떠, 다시 잠들지 못했다. 목소리가 잘 나오지 않아 말하기 힘들고 눈물과 콧물이 질질 흘렀다. 한국과의 시차는 8시간, 헝가리가 한국보다 8시간 느리다. 핸드폰에는 홈도시, 현지도시로 나뉘어 시간을 보며 며칠 자다 깨다 만 반복했다.

몸뚱어리가 유럽에 있다는 자체가 환상적이지만 아프니까 그냥 힘들고 서럽다. 유럽은 한국처럼 병원 가는 게 자유롭지 않다. 병원을 간다고 해서 바로 진료받을 수 있을지도 잘 모르겠으나, 헝가리 의사 앞에서 아픔을 설명할 생각만 해도 두통이 몰려온다. 몸의 어디가 어떻게 아픈지는 한국말로도 힘든데, 그걸 헝가리 말로, 운 좋으면 영어로 하라고? 한국에서 챙겨 간 종합감기약을 먹고 쉴 수밖에 없었다. 정말 시간이 다 해결해 준다고 했나. 하루하루가 지나갈수록 몸은 아주 천천히 나아졌다. 코에서 나오는 콧물의 양이 줄어들었고, 누렇고 끈끈한 액체는 맑아졌다. 쇳소리만 나던 목소리도 조금씩 돌아왔다. 이렇게 내 몸의 회복에 집중했던 때가 없었다. 호텔에 누워 심하게 걸린 몸살감기를 견디면서 태어나 처음으로 조금씩 돌아오는 컨디션을 온몸으로 느껴보았다.

가끔 감기에 걸리는 건 귀찮은 일이었다. 몸살기가 있어도 활동이 가능했고 움직일 힘이 있으면 약속을 잡았다. 강의를 시작하면서는 목소리가 나오지 않을까, 겁이 나긴 했지만 일이 아니라면 아픈 건 별 상관없었다. 좀 아파도 무시한 채 해야 할 일을 하면서 살았다. 병원 가지 않고 산다며 건강보험료가 아깝다는 허세를 부리며, 병원을 자주 가지 않는 건 자랑스러운 일이었다. 그러다 보면 낫게 되어 있었다. 몸이 아프고 컨디션이 좋지 못해서 약속을 취소하는 건 너를 만나지 않는다는 말을 에둘러 썼던 표현이었으며 원치 않는 인간관계를 끊어내는 수단이었으니까.

시간이 지날수록 차차 나아지는 나의 상태에 온전히 집중하며 유럽에서의 생활을 준비해 갔다. 노트를 꺼내 가고 싶은 나라의 대중교통 이용법을 손으로 적었고 외웠다. 받아쓰기 같기도 했고, 나름 명상이고 필사였다. 여행하기 좋은 나라와 도시를, 찾아가 볼 만한 곳을 찾아보았다. 많이 걸으면 쉴 시간이 필요했고, 비용이 많이 들어갈 곳을 방문하면 다음은 경비를 줄일 방법을 찾아야 했다. 본격적으로 알아볼수록, 계획이 선명해질수록 여행은 여행보다 삶이자 지극히 현실적이었다.

지금까지의 내 여행에는 목적이 없었다. 아무 골목을 걷고, 음식을 아무거나 먹고, 현지에서 아무거나 사고, 그냥 가보고, 한국에서는 마실 수 없는 커피를 마시는 일이 여행에서 원하던 전부였다. 이런 여행은 가볍고 편해서 좋긴 한데 돌아오면 딱히 얘기할 거리가 없다. 어떤 지역에서 어떤 가게에서 무엇을 먹었는지 말할 수 없으니 다시 돌아가 볼 수 없으며, 말하지 못하는 것들은 또 쉽게 잊힌다. 역으로 구체적인 장소를 명시하고 가는 방법, 할인 티켓 같은 것들을 설명하면 어쩐지 과해서 머리가 아팠다.

하루 경비로 호텔과 두 끼 정도의 식대, 대중교통, 박물관과 기념품 등을 계산해 보니 30만 원 정도였다. 유럽의 물가와 치안 등을 고려했을 때 무조건 경비를 아낄 수도 없는 노릇이었다. 두 달 이상의 긴 시간을 여행하고자 마음먹었는데, 정말 아무 목적 없이 흘러 다니기에는 너무 많은 시간과 비용이 들어간다는 걸 깨달았다. 하루 삼십만 원 곱하기 여행 일수를 암산해 본 순간 정신이 번쩍 차려졌다. 허투루 하루를 보낼 수 없었다. 찾아야 했다. 현실을 살면서 언젠가 해봐야지, 생각하고 잊고 지냈을 것들을. 한 번쯤 가고 싶었다는 호기심을, 책을 보면서 궁금증이 일었던 도시를, 살면서 신기하다고 느꼈던 다른 문화를, 잊고 있었던 먼 나라를 향했던 도피처에 대한 갈망을 떠올려야 했다.

본격적으로 착실하고 제대로 여행하기 위해, 여행 모범생, 계획 장학생이 되기 위해 공부하기 시작했다. 물론 난 장학생도 모범생도 되지 못했지만. (그 노력에 의의를 두고 스스로 박수를 보낸다)

#

한 해를 마무리하고 새해를 준비하는 일은 누구에게나 중요하다. 거창하진 않아도 그동안 함께했던 사람들에게 감사 인사, 건강과 안녕을 전하기만 해도 새해를 받아들이는 마음가짐이 준비된다. 올해를 어떻게 마무리해야 하나, 새해를 어떻게 시작해야 하나 고민했다. 남편과 함께 헝가리에서 겨울을 보내고 있는 자체가 특별하지만. 연말 휴가를 이용해 함께 새해 기념 여행을 가기로 했다. 새해, 우리 부부의 여행 속 여행이었다.

보통 작가들은 책으로 한 해를 돌아보고 앞으로 쓸 글, 출간할 책으로 내년을 계획한다. 사실 그만큼 명확하고 포괄적인 계획서도 없다. 쓴 책을 보면 그때 무슨 생각을 했는지 집요하고 세세하게 기억나고, 앞으로 쓸 글에는 소신과 한 해만큼 성숙해진 삶의 방향이 담겨 있을 터이니. 헝가리는 연말 크리스마스 마켓으로 유명한데 11월 말부터 크리스마스까지 약 한 달 정도 거리에 마켓이 열린다. 크리스마스 당일부터 연말까지는 모두 철거해서 오히려 거리가 휑하다. 모두 집에서 가족들과 파티를 한다고 한다. 크리스마스 전날, 우리는 산책을 하고 밥을 먹으러 나갔는데 대부분의 식당 문이 닫혀 있었다. 문이 열려있는 음식점에 고개를 밀어 넣어 보았지만, 손님에게는 음식을 팔지 않는다며 자신들끼리의 파티 준비를 하고 있었다. 몇 군데를 더 들렀다가 한식당에서 겨우 비빔밥을 먹고 호텔로 돌아와 연말에 여행할 곳을 찾았다. 고심하고 고심해서 연말은 스위스에서 보내기로 했다. 보통의 유럽과는 완연히 다른 새로운 분위기를 느끼며 새해를 시작하고 싶었다. 알프스산맥과 광활한 눈이 있는 곳, 전 세계의 국제기구가 모여 있는 곳, 어쩐지 유럽의 모습과는 사뭇 다른 도시의 모습을 갖추고 둘 다 한 번도 가보지 못한 나라, 스위스가 제격이었다.

스위스 기차역에 도착하자마자 화장실이 가고 싶었다. 역을 두리번거려 화장실 표지를 찾아 걸었다. 기차역 안 화장실을 가는 도중 꽃집이 몇 개나 보였다. 유럽의 낭만은 이런 거구나를 느끼면서 낭만보다 급한 개인적 사정으로 화장실 입구에 도착했다. 게이트처럼 기계가 설치되어 있었고 그 앞을 지키는 사람이 서 있었다. 급하게 들어가려고 어슬렁거리는 나에게 "유! 페이!"라고 외쳤다. 화장실을 이용하려면 돈을 내야 했다. 약 사천 원 정도. 와, 먹고 자고, 싸는 데까지 돈이 드는 유럽, 그중에 제일이라는 스위스. 볼일을 해결하고 손을 씻으면서 돈 많이 벌어야겠다고 다짐하며 한국의 모든 무료 화장실에 무한 감사를 표했다.

다음 날, 투어를 신청해서 아침 일찍 사람들을 만나 산악 열차를 타고 융프라우에 올랐다. 정상에서 신라면을 먹고 얼큰한 애국심이 절로 생기는 건 덤. 등산을 좋아해서 겨울의 설산에는 익숙하다. 광활한 융프라우의 눈과 빙하보다 신기했던 건 스키를 타러 왔다는, 산악 기차를 가득 채운 유럽 사람들이었다. 노인부터 아이까지, 엉덩이에 통통한 기저귀를 찬 듯한 서너 살짜리 꼬마도 스키 신발을 신고 무거운 스키 장비를 어깨에 지고 엉거주춤 걸으면서 산악 기차를 탔다. 스위스 사람들은 높은 임금을 받고 저축하지 않으며 여가 생활에 다 쓴다고 한다. 재산이 있으면 그걸 증명해야 하고 세금 문제 때문에 오히려 복잡해진다고. 여름에도 산에서, 겨울에도 산에서 신나게 논다고 했다. 돈으로 해결할 수 있는 게 별로 없어서 대부분의 삶을 스스로 해결하는 스위스가 세계에서 가장 부자 나라라고 강조하면서 가이드는 여기서는 경쟁하지 않고 공부하지 않아도 잘살 수 있다고 설명했다.

솔직히 잘 이해되지 않았다. 내 눈엔 그들이 전혀 부자로 보이지 않았다. 스키복은 평범했고 장비들도 낡아 비싸 보이지 않았다. 그저 스키를 좋아하는 외향적인 사람 아닌가. 미래를 국가에 맡기고 즐기면서 사는 게 부자 나라에서 잘사는 방법인가. 게다가 노력의 기쁨, 성취의 만족감, 경쟁이 주는 성장도 있는데. 어른의 자격, 성장과 행복을 쓰고 말하던 나는 거대한 자연 앞 새로운 삶의 가치관에 머릿속이 꽤 복잡해졌다. 새삼 우리가 생각하는 부자의 조건은 돈으로 얼마나 많은 것들을 살 수 있는지가 아닌가 생각하게 되었고.

물론 세상에 모든 걸 다 가진 부자는 없다. 돈이 많은 사람은 차곡차곡 이루는 과정의 배움을 놓치기 쉽고, 친구가 많은 사람은 혼자서 나를 돌아볼 경험이 부족하다. 성공한 사람은 반성이 부족할 것이며 자책하는 사람은 새로운 계획을 세우기 힘들다. 결핍만 생각하면 한없이 부족하겠지만 결핍의 이면까지 생각해 보면 나에게 풍족한 게 떠오르기 마련이다.

부족함에 집중하지 않기! 부족함에 산만해져 보기!

스위스는 다 가진 부자와 부족한 부자를 동등하게 생각해 볼 수 있는 나라였다.

\#

점심을 먹고 제네바를 돌아보기로 했다. 스위스의 거리를 걷고 있노라면 어쩐지 눈앞에 네모난 나무 액자가 그려지는 듯하다. 네모난 앵글로 바라본 스위스는 어떤 동화처럼, 한 편의 영화처럼, 시선에 프레임을 씌운 기분이 들게 했다. 국제기구가 가득한 거리를 걸으면서 우리는 스위스의 비싼 물가를 체감하면서, 세계 평화란 무얼까 고민하면서, 전 세계의 평화를 기원하면서, 세상에서 가장 부자 나라의 미래와 그 나라에 사는 국민을 걱정하면서 다시 헝가리로 돌아간 후 진짜 혼자서 떠날 나의 유럽 여행에 관해 이야기했다. 남편은 헝가리로 돌아가 회사로 복귀하고 나는 짐을 챙겨 본격적으로 유럽 여행을 하기로 했다.

곳곳에는 보안을 위한 경찰이 서 있었다. 보안이 중요한 국제기구라지만 무장을 하고 건물을 지키고 있는 삼엄한 분위기에 잘 적응되지 않았다. 나는 그들 옆에 차고 있는 총을 먼저 바라보았다. 동양인보다 확연히 큰 덩치, 몸에 듬성듬성 나 있는 노란 털이 짐승처럼 보였다. 나를 보고 웃는 표정의 속내를 알 길이 없어 한껏 주눅 들어 괜히 눈치를 살폈다. 내 속을 아는지 모르는지, 남편은 앞으로의 내 유럽 여행을 해맑게 응원했다. 좋겠다, 잘 다녀와, 화이팅 같은 말을 하면서. 실실거리는 웃음이 약 올라 나는 신혼여행 가서 아내를 잃어버린 남편 이야기를 꺼냈다. 결혼식 후 유럽으로 신혼여행을 갔다가 아내를 잃어버리고 남편은 혼자 귀국했는데, 시간이 아주 많이 지나고 수소문해서 찾아보니 서커스단에서 팔과 다리가 잘린 채 공이 되었다는 이야기. 그 말을 듣고 남편은 손목을 까딱이면서 농구공을 통통 튀기는 제스처를 취했다. 그때는 이 남자 참 해맑다, 어이없다, 농구도 못하는 사람이, 정도 생각했다. 가끔 아니, 자주 이렇게 아이처럼 보이는 이 남자가 해외에서 배터리 공장을 짓고 있다는 게 믿기지 않는다. 소매치기를 당하면 어떻게 하지? 물었더니 자기한테 전화하란다, 지갑이나 카드는 뺏겨도 전화하려면 핸드폰은 소매치기당하지 말라고. 그게 마음대로 된다면 걱정도 하지 않을 텐데. 유럽을 오가는 비행기는 보통 저가 항공인데 짐 잃어버리면 어떻게 하지? 하고 물으니 잃어버리면 찾아야지, 하고 대답했다. 그러면서 번역 앱이 잘 깔려있는지, 사용할 줄 알지? 하고 물으면서 허허, 했다. 속 편한 그의 대답에 불안감은 가벼운 분노로 바뀌었고 더 이상의 대화는 무의미했다.

한국으로 돌아와서 KTX를 타고 가족 모임을 가는 길에 문득 그때의 기억이 떠올랐다. 우리는 헝가리에서 한국으로 돌아온 지 일주일이 채 되지 않아 시차 적응을 제대로 하지 못해서 꾸벅꾸벅 졸고 있었는데, 혹시 남편이 코를 골까 봐 나는 책을 보면서 버티고 있었다. 한참 잠을 자고 일어나 얼굴에 뻘건 자국이 찍힌 남편의 볼을 보면서 그 통통 농구 이야기가 떠올랐다. 남편의 농구 제스처는 두 번째였다. 신혼여행 때도 나는 어딘지 기억나지 않는 도시의 거리를 걸으며 아내를 잃어버리는 이야기를 했었다. 너 없인 안 돼, 슬퍼, 당장 구하러 갈게 같은 말을 듣고 싶었고 사랑을 확인하고 싶었고, 팔, 다리가 잘렸다는 아내를 신경도 쓰지 않고 해맑게 농구공을 튀기는 남편에게 한없이 서운했었다. 이런 남자와 평생 살아도 되나, 내 결혼은 망한 건가, 나를 한껏 불쌍한 사람으로 만들었던 것 같다. 그로부터 8년이 지난 지금은, 일단 이 남자는 농구를 잘하지 못하며 농구공을 자연스럽게 튀기지 못한다. 뛰는 행위 자체를 잘 하지 않으며 어쩔 수 없이 뛰어야 할 때 심하게 뒤뚱거린다는 걸 알게 되었다. 세월이 쌓여 우린 멋있지 않음이 아무 상관없을 만큼 친해졌다. 시간이 지나 MBTI가 유행하면서 이 남자는 지극히 T(이성적인) 성향이고 나는 지극히 F(감성적인) 성향임을 안 것도 우리가 친하게 지내는 데 꽤 큰 도움을 주었다. 이 남자는 순도 100% F인 나에게 맞추기 위해서 F인 척했고, 자꾸 중심 없이 왔다 갔다 하길래, 난 꽤 오랜 시간 동안 사상이 조금 이상한 사람인 줄 알았다. 이제 지극한 T는 나이를 먹고 호르몬의 영향으로 점점 F가 되어가고 있음이 느껴진다. 그땐 이 남자와 함께라면 어디든 상관없다고, 어디든 갈 수 있다고 생각했는데, 지금은 이 남자가 어디에 있든, 어디로 가든 상관없이 믿어줘야겠다고 다짐을 한다. 서로가 어떤 모습이든, 서로를 지지하고 있다는 그런 말랑한 믿음. 남편 얼굴에 뻘건 자국을 보면서 얼마 전에 삐끗한 허리가 떠올랐다. 농구를 하면 허리에 무리 갈 텐데, 조심해야 할 텐데. 하는 생각이 들었다. 멋있지 않아도 되니 건강만 하면 된다. 하긴, 내가 굳이 말하지 않아도 힘들어서 농구 같은 건 하지 않을 것이다. 오랜 시간이 흘러도 같은 질문을 하는 나나, 같은 말에 같은 제스처를 취하는 이 남자나, 참 한결같다.

언젠가 우리는 친구야? 부부야? 하고 물었더니, 남편은 우리는 친구가 아니라 부부라고 했다. 왜냐고 물으니까, 법적으로 그렇게 신고해서라고. 생각해 보니 친구 신고, 친구 등록 같은 건 없다. 이게 친구보다 부부가 더 오래가는 이유인가. 나는 남편에게 별것도 아닌 걸 많이 묻는 편이다. 예를 들어, 내가 백 번 똑같은 부탁을 해도 평생 들어줄 거야? 천 번도? 같은 시답잖은 질문을. 남편은 이제 그때그때 맞춰서 제법 마음에 쏙 드는 대답을 한다. 이 남자 참 많이 단련되었다.

세상에든, 나에게든.

#

아주 자주, 세상 모든 사람들이 행복했으면 좋겠다고 생각을 한다. 사실 행복해지려면 꿈 없고 바라는 것 없고 본능에 충실하면 그만이다. 따뜻한 이불 속에 다리 뻗고 누워 귤 까먹을 때의 행복을 이길 수 있는 일이 얼마나 되나.

나는 꿈 없고 기대 없고 단순해서 쉽게 행복했다. 행복하다는 게 만만해서 쉽게 닿을 수 있었다. 그런데 글을 쓰면 쓸수록 행복이 전부가 아니라는 걸 알게 되었고 행복하지 않아도 우린 멀쩡하게 살아야 함을 깨달아 가는 과정 어딘가를 여행처럼 떠돌고 있다. 그러니 행복의 정의가 자꾸만 어려워진다.

언제부턴가 모든 사람들이 행복해지겠다는 꿈을 꾸며 행복 쟁취가 목적인 듯하다. 책에서도, TV에서도, 강연에서도 나의 행복이 제일이라고 행복 하라고, 내 행복이 최우선이라고 했다. 행복이라는 건 지극히 개인적이며 나의 속에서 일어나는 일이다. 밥을 먹고 잠을 자고 화장실을 가는 것처럼 직접 해야 알 수 있는 본능적인 것, 밥 먹기 전, 잠자기 전, 화장실 가기 전의 기분과 밥 먹은 후, 잠자고 일어난 후, 화장실 다녀온 후의 기분과 만족감은 완전히 다르다. 자꾸 행복을 목적으로 두고 증명하려는 사람들을 보면서 나는 법정에서 자신의 결백을 증명하는 사람들이 떠올랐다. 타인의 증명과 나의 증명을 비교하는 일, 잘 전시하는 일, 그래서 많은 사람들에게 자랑하는 일이 마음의 평화를 위해 진정으로 필요할까.

타인의 행복은, 그러니까 나의 밖에서 일어나는 행복은 어차피 내속으로 옮겨오면 불행을 닮은 비슷한 감정을 일으킨다. 나의 안과 바깥만 잘 구분해도 우리는 쉽게 행복과 만족에 독립적으로 살 수 있다. 바깥에 있는 것들보다 내 안을 잘 돌보면 괜찮게 사는 거 그리 어렵지 않다. 그러고 보니 다시 행복이 만만해지는 것 같기도 하고. '만만하다'에는 연하고 보드랍다는 뜻이 있다. 행복을 만만하게 봤던 나 자신을 반성하고자 단어를 검색해 보고는 생각했던 만큼 부정적인 뜻이 아니라 많이 놀랐다. 이 정도면 행복 그거, 다시 만만하게 봐도 되지 싶다.

지금의 안녕한 상태를 알리기 위해서 행복이란 단어를 쓰지만, 돌아보면 행복했던 삶에도 다 상처가 있고 나름의 힘듦이 있고 주저함과 이상한 바람이 있었다. 여행에서도 일상에서의 나의 기억과 습관이 고스란히 남아있는 것처럼. 미워하기만 하면 아무것도 달라지는게 없는, 사랑하고 아껴야 할 나의 모습이다. 나를 아끼는 마음이 바깥으로도 향하면 좀 더 만만하게 살 수 있지 않을까. 솔직히 모든 사람들의 행복, 세계 평화의 소망, 그 아래에는 내가 쉽게 행복하고 싶은 마음 또한 깔려있다. 내 주변 사람들이 행복하면 나도 그 편안함을 느낄 수 있으니까.

행복은 바깥이 아니라 안에 있다는 것을. 타인이 잘 되길 바라는 마음이 삶을 유연하게 해줄 수 있다는 건 어느 장애인에게 배웠다. 장애인 대상으로 글쓰기 수업을 할 때였다. 가난한 학생의 학비를 후원하고 있다는 그분은, 혹시 자신이 장애인이라 그 친구가 호의를 부담스러워하지 않을까 걱정된다고 하셨다. 그 학생이 공부 열심히 하고 건강하게 사회생활을 할 수만 있다면 더 이상 아무것도 바라는 게 없다고. 그 말씀을 듣고 나는 '저런 모양의 마음이 있구나, 저런 색깔의 애씀이 있구나, 그런데 보지 못했던 거구나'를 느끼느라 한동안 말을 이을 수 없었다. 아무것도 바라지 않고 타인이 잘되었으면 하는 마음, 그런 마음은 도대체 뭘까. 자신의 장애가 불만이 아니라 도움을 받는 학생이 부담스러워하지 않을까 염려하는 마음은 도대체 어떤 걸까.

특히 시각장애인과 함께하는 수업은 정말 특별한 감동을 준다. 시각장애인들과 글쓰기 수업을 한다고 하면 열이면 열, 시각장애인이 어떻게 글을 쓰냐고 되물었다. 처음 수업을 시작할 때 사회복지사들도 물었다. '정말 할 수 있을까요? 쓰는 건 숙제를 내주는 게 더 좋지 않을까요. 수업 시간에 쓰는 건 무리예요.' 수업을 시작하고 한 교실에 모인 당사자들도 그랬다. '보이지도 않는데, 저희가 어떻게 글을 써요?' 사실 나도 몰랐다. 그들의 기량을 알 수 없기에 쓸 수 있는지, 없는지 판단할 수 없었으므로 방법을 찾아야겠다는 생각뿐이었다. 도서관에 가서 장애인관련법을 공부하고 하면 안 되는 말과 행동, PPT 없이 집중시켜 수업을 이끌어갈 방법을 찾고 준비했다. 무엇보다 같은 공간에서 함께 글을 쓰고 공유하는 시간이 내면의 힘을 길러준다고 믿기에 포기할 수 없었다. 첫 시간에 우린 모였으니 같은 공간에서 함께 글을 쓰겠다고 했다. 처음에는 어색해했지만 다들 자신의 시각 능력에 맞게 글 쓸 방법을 찾으셨다. 형체 정도 보이는 분은 핸드폰으로 글을 쓰기도 하고, 종이에 큰 글씨로 글을 쓰기 시작했다. 매직을 긋는 소리가 강의실을 씩씩하게 채웠다. 전혀 보이지 않는 분들은 생각을 정리하게 도와드렸고 머릿속으로 정돈된 문장을 불러주시면 나와 복지사는 받아 적었다. 고치고 싶은 문장이 있는지 되묻고 퇴고를 도왔다. 우린 글쓰기 수업 시간 동안 함께 울고 웃었다. 이 과정에서 글이 주는 힘을 고스란히 느낄 수 있다. 모두 쓰고 싶은 글이 있었다. 수업이 반복될수록 참여자들의 표정은 편안해지고 자주 웃음소리가 나왔다. 자꾸 기억이 기억을 잇는다고, 쓰고 싶은 글이 생긴다고, 잘 쓰고 싶다는 말이 나왔다. 꿈과 소망이 생긴 것이다.

수업 분위기가 활기차지자 어떤 분이 밥을 사겠다고 했다. 그때 장애인에게 밥을 얻어먹어도 되는가? 하는 생각이 가장 먼저 들었다. 처음엔 고민이라 생각했는데, 조금 더 생각해보니 어쩌면 나도 모르게 깔려있던 우월감인지도 모르겠다. 장애인은 도움을 받아야 하는 존재라 생각했고, 비장애인에게 호의를 베푸는 일이 어색하게 느껴졌던 것도 사실이다. 나는 그 호의를 감사히 받아들이기로 하고 맛있는 육개장을 얻어먹었다. 좋아하는 취미가 생겨서 행복함을 느끼고 고마운 사람에게 밥을 사겠다고 하는 건, 장애와 비장애와는 상관없는 그저

사람이니까 생기는 마음일 뿐이다,

글을 쓰는 일은 장애와 비장애의 문제가 아니라, 쓰고 쓰지 않고, 에 따라 다르다. 글쓰기를 어려워하는 건 장애인, 비장애인 똑같다. 어쨌든 쓰기 시작하면 세상의 다양한 마음을 단어와 문장으로 섬세하게 직면할 수 있다. 덕분에 새로운 기쁨과 감격이 있다는 걸 알게 되었다. 기쁘고 설레고 행복할 수 있는 진심이 가득 담긴 글을 많이 써야겠다고 다짐하기도 했고.

평화는 복잡하지 않은 방법으로 일상에든, 세계 어디에든 숨어있다. 제네바를 걸으며 한 작은 기도가 어쩌면 평화에 기여할지도 모른다는 새롭고도 철없는 행복함을 느꼈다. 그게 진짜 세계 평화까지 도달하는 데는 한참이나 걸리겠지만.

Europe Travel

민낯의 표정들

EP. 2

그까짓 로망

우리에게 로망은 무엇일까. 이루어지는 로망은, 로망으로서의 힘을 잃는 것일까. 이루어지지 않기에 아름다우면 도대체 이루란 말인가 말란 말인가.

프라하 한 달 살기 로망이 있었다. 왜인지는 잘 모르겠다. 명확하게 이유를 알거나 그곳에서의 생활이 촘촘하게 그려지면 그건 로망이 아니다. '그냥, 근사하잖아, 멋지지 않아?' 같이 현실적이지 않아야 오히려 근사하다. 로망을 실현하면 로망은 계획이 되고, 로망 자체가 목표 혹은 목적이 된다. 우리가 꿈꾸는 로망이란 가벼운 농담 같다. '다이어트할 거야, 로또에 당첨될 거야. 매일 새벽 3시에 일어날 거야' 같은 투정 담긴 유행어처럼 이루어지지 않아야 직성이 풀린다. 결혼하고 어느 날, 아무 날, 그저 그런 날 프라하에서 한 달을 살 거라고 남편에게 말했었다. 이룰 수 없다고 생각해서였던 것 같다. 치, 하는 핀잔을 들을 응석이자 그래, 라는 긍정을 듣고 싶었던 말 정도. 로망을 입 밖으로 뱉는 건 아직 세상을 향한 호기심이 남아있고 잘살고 싶다는 의지가 있으며 어떻게든 해낼 수 있다는 마음의 응어리를 실감하는 일이었다.

쉽게 실현되는 로망은 없고, 낭만적으로 이어지는 일상은 없다. 매일매일 로망을 실현한다면 그게 로망인지도 모르고 살 것이며, 매일매일이 낭만적이라면 너무 피곤할 것 같다. 남편이 유럽 여행을 제안하면서 '프라하 한 달 살기 로망이었잖아?'라고 말했다. 그 말로 나의 로망은 반쯤 이루어졌다.

로망은 실현되어야 아름다운지, 아니면 로망 그대로 있을 때 더 빛나는지에 대한 결론을 찾아, 어딘가에는 존재하고 있을 로망이 툭, 하고 튀어나오길 바라는 마음으로 프라하로 떠나기로 했다. 프라하로 가는 기차와 호텔을 예약하기 전, 프라하 대학교에서 총기 살인 사건이 있었다. 한국에서 타국의 총기 사건을 뉴스로 보았다면 그런가 보다 하고 말았을 거다. 우리나라에서 실제 총을 보는 일은 잘 없으니까. 그런데 길거리에서 총을 소지하고 있는 경찰을 쉽게 볼 수 있는 유럽에서는 다르다. 실제 총기 사건이 있는 그곳이 나에게도 닥칠지도 모를 위험이 된다. 몇 안 되는 한국어로 된 기사를 찾아보니 자꾸 심장이 쪼그라들었다. 가끔 글을 쓰면서 작가처럼 살고 있나, 혹시 그럼 내가 예술가인가에 대해서 짧게 고찰해 본 적 있는데, 예술도 로망도, 일단 살아남아야 한다. 로망에 목숨을 걸기엔 한국에 남겨둔 속세가 그립고 돌아가서 누려야 할 것들이 너무 많이 남아있었다. 무엇을 어떻게 생각하고 판단해야 할지 감이 잡히지 않았다. 기사를 찾아보고 구체적으로 그 사건에 대해 알아도 뾰족한 방법은 없었다. 그래서 가느냐, 마느냐의 선택이었다. 찾아볼 수 있는 정보가 한정적이었고, 현실인지 아닌지도 사실 헷갈렸다.

위험 … 하겠지? 정도의 의문에서 발전한 괜찮은 결론을 내주지 못했다. 이 정도의 사건이 일어났을 때 여행자에게 현명한 선택이 무언지 도무지 판단이 서지 않았다. 찬찬히 최대한 이성적으로 고민해 보니 가장 문제는 불안함이었다. 문제는 마음이었다. 프라하는 상대적으로 안전한 도시며 사건이 있었다면 경비는 더욱 삼엄할 것이다. 안전상의 문제가 있다면 정부가, 대한민국 대사관에서 알려줄 것이다. 머리로는 안다. 그렇다고 아무 불안 없이 그 도시로 웃으면서 가지 못한다.

아주 오래전, 홍콩 여행 중이었다. 호수 앞에서 긴 의자에 앉아 강한 햇볕에 손가락으로 선글라스를 올리는데, 밀린 카톡이 이어지는 듯 핸드폰이 울렸다. 친구들이 지금 홍콩에 탱크가 몰려 들어간다는 기사를 봤는데 괜찮으냐고 물었다. 눈앞에 펼쳐져 있는 잔잔한 호수와 반짝이는 윤슬을 선글라스 너머로 보았다. 한국과 이어주는 핸드폰에는 모두 조심하라고 난리였다. 인터넷 뉴스를 검색해 보니 내가 있는 곳과 많이 떨어진 곳에서 시위를 하고 있었고 무력으로 확산되고 있다고 했다. 부산에서 서울 정도의 거리였던 걸로 기억한다. 진짜 위험했는지 아닌지 아직 잘 모르겠다. 확실한 건 아무런 신변의 위험을 느끼지 못했고 다녔던 거리는 평온했다. 공항은 폐쇄되지 않고 안전하게 한국행 비행기를 탔으며 집에 잘 도착한 후 지인들에게 연락을 돌렸다. 그리고 얼마 후, 특가인 줄 알고 신나게 결제했었던 비행기티켓이 저렴했던 이유가 홍콩의 시위 때문이라는 걸 알게 되었다.

홍콩에서 안전한 복귀에 대한 기억이 프라하로 떠나겠다는 결심에 많은 도움을 주었다. 불안함만 제거되면 아무것도 아닌 일, 모든 문제는 안에 있다고 냉철하게 다짐하고 마음을 다잡았다. 위험 요소는 어디든 있고 그게 무서웠으면 떠나면 안 되었다. 이럴 땐 사회에 작용하는 시스템을 믿을 수밖에 없다. 위험하다면 대사관에서 여행 주의보가 내렸을 것이고 뉴스에서 주의 발표가 있었을 것이다. 잠잠했다. 아무리 불안해도 떠나야 할 날짜는 다가오고 있었고 선택해야 했다. 그리고 아무것도 모른다는 듯이 기차표와 호텔을 예약하고 짐을 쌌다.

#

유럽의 어느 도시에서 다른 도시로 이어주는 기차의 창밖을 바라보고 있노라면 무언가 모를 안온함이 밀려온다. 기차는 덜컹거리고 찌그덩 소리를 내며 헌것에도 설렐 수 있다는 걸 말해주는 듯했다. 전자

책보다 종이책이 좋고, 최신곡보다 오래된 발라드가 좋고 세련된 것보다 촌스러운 게 좋다. 그래서 조금 불편할 때 오히려 안정을 느낀다. 불편한 흔들림에 몸을 맡기는 그 시간 동안 크고 오래된 것들이 반복적으로 부딪히는 소리의 울림을 들으며 평온함을 느꼈다. 국경의 경계, 도시의 경계마다 기차표를 확인하는 역무원은 너의 여행이 올바른 방향이라는 확신을 주는 듯했다. 마치 대사 한마디 없는 영화를 찍고 있는 기분이었다.

프라하역은 여행자를 설레게 한다. 역에는 활짝 웃으면서 사진을 찍는 전 세계 사람들로 가득하다. 낭만과 현실은 지그재그 사이인가. 두 손으로 허리를 반동하여 힘껏 들어야 겨우 들릴 만큼 무거운 캐리어를 기차에서 내리며 가장 먼저 했던 생각은 '춥다. 사람들이 왜 이렇게 커?'였다. 영화에서 보았던 파란색 아바타의 모델처럼 보이는 사람들이 눈앞에서 살아 움직이고 말하고 있었다.

프라하의 공용 언어는 체코어다. 타지인들은 영어로 응대하지만 그건 배려이지 의무는 아니다. 프라하는 한국에서도 유명한 관광지이지만 의외로 동양 사람들이 아주 드물다. 다양한 인종 사람들로 가득한 공간에 혼자 앉아있으면 목소리는 들릴지언정, 도무지 무슨 말인지 알아들을 수도, 읽을 수도 없다. 프라하 사람들은 대부분 차분하고 무표정이라 말하는 사람의 기분과 의도를 알아차리기 어렵다. 그들의 무표정은 분위기와 눈치로 살아가는 대한민국 사람들을 불편하게 만드는 불친절이었다. 어쩌면 불친절이라는 말보다는 무친절이라는 말이 더 정확하겠지만. 프라하 여행에 걸맞은 기분을 느끼기 위해서는 무친절에 익숙해지고 유친절에 팁으로 대가를 치르는 데 익숙해져야 했다. 정이 없다는 말에서 부정적인 감정을 덜어내는 연습을 해야 했다.

빵과 고기에 질려 한식당을 방문했을 때였다. 검색으로 찾은 가까운 한식당에 육개장을 먹으러 찾아갔다. 분명 사진처럼 나오지 않을 테다. 맹숭맹숭한 파프리카 가루로 맛을 냈을 테다. 맵다는 후기는 일단 믿지 않을 테다. 얼었다가 녹은 비닐 팩에 담긴 냉동식품을 끓여 줄 테다. 그런데도 너무 먹고 싶었다. 한식당을 빙자한 한·중·일 음식을 모두 파는 그 음식점은 서빙하는 스텝이 중국 사람이었다. 문을 열고 들어선 순간 유창한 '어서 오세요'가 들렸다. 너무 반가웠다. 곳곳에 한국 사람들이 한국말을 하며 밥을 먹고 있었다. 익숙한 낯섦에 주변을 돌아보다 자리를 안내받고 육개장 한 그릇을 주문했다. 직원은 음료를 주문하겠냐고 물었다. 사실 음료수를 잘 마시지 않는 편인데, 시키라기에 알로에 한 병을 주문했다. 싱겁지만 매콤한 육개장을 국처럼 마시고 프런트로 가서 계산하려 카드를 내밀었다. 직원은 '알로에는 전혀 마시지 않았던데 싸 드릴까요?' 하는 물음에 한국에서만 느낄 수 있는 특유의 정서, 정이 느껴져서 눈물이 날 뻔했다.

나는 어쩔 수 없는 뼛속까지 대한민국 국민이다.

체코에서 쓰는 영어는 여행자를 위한 영어다. 프라하에서 보름 정도 있는 동안 실제 영어권 나라 사람이 아니면 영어를 능숙하게 하는 사람을 거의 보지 못했다. 그래서 나 역시 한국 발음에 사투리 억양의 영어가 창피하지 않았다. 한국식 영어를 쓰면 상대방도 최선을 다해서 알아들으려 했고 상대방을 위해서 나도 최대한 자세히 말하기 위해서 노력했다. 어쩐지 대화가 이루어지면 서로의 노력이 통했다는 기쁨마저 들었다. 모국의 편한 언어를 두고 영어로 고군분투하는 동지라고나 할까. 서로 이해할 수 있는 단어에 최소한의 의미만 담는다고 할까. 그래서 서로의 말에 더 귀를 기울이며 가까이 다가가 눈을 맞추고 서로 입술의 움직임을 바라보았다.

사람들은 자국의 언어는 자연스럽게 배워지길 바란다. 그에 반해 타국의 언어를 배울 때는 선생님을 고용하여 투자할 만큼 아주 열심히 공부한다. 나도 영어를 배울 때 하루에 몇십 개씩 단어를 달달달 외웠다. 영어를 단순 암기 과목이라고 말하는 사람도 많다. 그런데 한국어의 뜻을 그렇게 외우는 사람은 잘 없다. 어렴풋이 알고 분위기와 뉘앙스를 알면 충분하다고 생각한다. 어렸을 때 다 배웠다고 믿는 국어는 알 만큼 안다고 자부하며 말과 글, 인간관계의 혼란함을 느낀다. 하지만 의외로 명확하게 뜻을 알지 못하는 단어가 아주 많다. 예를 들어 사랑을 영어로 LOVE라고 쓰고 사랑이라며 외우지만, 정작 사랑의 뜻이 무엇인지 잘 모른 채, 사랑이 삶에 어떻게 작용하는지, 내가 어떤 사랑에 반응하는지, 어떤 사랑을 하면서 살고 있는지 모른 채 사랑하며 살아간다. 일상에서 제대로 뜻을 알지 못하면서 무수하게 추상적인 단어를 던지고 자신의 방식으로 받아들이며 대화하니까, 어쩌면 삶은 혼란스럽고, 인간관계가 어렵고, 그래서 말하기가 어렵고 대화 중 의미가 제대로 전달되지 않는 건 당연한 것 아닐까.

타지에서 한국어로 대화하지 않는 건 오히려 말의 의미에 집중하게 해주었다. 꼭 해야 할 말만 하기에 명확한 단어만 말해도 적당한 소통이 된다. 전달하고자 하는 의미를 담고 있는 비슷한 단어를 던지고 오직 전해지기만 바란다. 오해하지 않을 준비를 하고 있다.

유럽은 나라마다, 심지어 도시마다, 그 도시에서도 언어가 다르다. 통화도 다르고 결제하는 방법도 다르다. 여전히 현금이 통용되는 나라도 있지만, 카드나 스마트 결제로 지폐와 동전이 어떻게 생겼는지 몰라도 여행할 수 있는 도시도 있다. 사랑에 빠졌는데 나와 다른 언어를 쓰고 다른 돈을 쓰고 있을지도 모른다는 상상은 불확실함도 삶에서 아름다울 수 있음을 느끼게 해주었다.

최초로 영어를 만든 사람은 이렇게 많은 사람들이 영어로 더듬더듬 말할 줄 상상이나 했을까.

#

프라하에서 가장 힘든 순간이라면 단연 중앙역에 도착해서 호텔까지 가는 동안이었다. 역에서 예약해 둔 호텔까지 15분 정도 묵직한 캐리어를 끌고 걸었다. 프라하의 예쁜 자갈이 박힌 울퉁불퉁한 거리는 여행자에게 친절하지 못하다. 평탄치 못한 길은 캐리어 바퀴에 무리를 주고 혹시 바퀴가 고장 날까 불안한 마음에, 팔에 힘을 잔뜩 주고 캐리어를 모시듯 끌었다.

묵직한 캐리어를 채우고 있는 짐 중에서 가장 무거운 건 화장품이 었다. 샴푸와 린스, 스킨, 에센스, 향수 등. 생과 사와 상관없이 예쁨을 지켜주기 위한 것들. 한국에서는 분명한 생필품을 여행 중이라고, 무겁다는 이유로 포기할 수 없었다. 포기하지 않았으니 지켜야 했으므로 계속해서 끌고 다녀야 했다. 유럽 여행을 하면서 화장품이 그렇게 무거운지, 그렇게 성가신 물건인지 처음 알았다. 화장품은 액체류로 분류되어 공항에서 검사도 까다롭다. 100ml가 넘는 화장품은 화물로 보내야 하고 기내로 들고 들어가기 위해서는 비닐 팩에 담아 꼼꼼하게 확인받아야 한다. 검색에 걸려 캐리어를 오픈할 때는 오랜 여행 동안 사용된 사적인 물건들과 속옷까지 그대로 노출되는데, 검색하는 사람이나 당사자나 서로 얼굴이 붉혀질 일이다. 호텔 예약이 끝나면 체크아웃 후 떠나야 하는 여행자에게 화장품은 시작과 끝을, 호텔까지의 과정을 아주 성가시게 한다.

프라하에는 마뉴팍튜라라는 화장품이 유명하다. 한국에서는 쉽게 구입할 수 없는 MADE IN PRAHA이기에, 온 김에 선물용으로도, 내 것도, 쇼핑은 넉넉하게 할 생각이었다. 언제 다시 올지 모를 곳이니 최대한 쟁여가고 싶었다. 기념품 가게에 들어갈 때마다 프라하라고 적혀있는 건 다 사고 싶었고 진열대에 전시된 것들은 꼼꼼하게 다 둘러보고 싶었다. 기대하고 기대하던 마뉴팍튜라에 들러 찬찬히 둘러보았다. 체코어로 적힌 제품명 속에서 간간이 한글도 보였다. 그 한글마저 반갑다. 장미향을 좋아해서, 장미향이 나는 제품은 다 사려고 욕심 부렸고, 진열대 앞에서 살구 향을 맡아보니 그렇게 달콤할 수 없다. 샴푸와 로션, 화장품, 토너 등 정말 다 사야겠다고 마음먹었는데, 눈이 번쩍 뜨이는 기쁨도 잠시, 그 구매 욕구가 어쩐지 무겁게 느껴졌다. 여행 중 구매한 물건은 부피를 최소화하여 캐리어 속에 넣고 끌고 가는 일을 오롯이 혼자서 해야 한다. 쇼핑한 물품들은 쇼핑 욕구를 채워주는 동시에 여행을 방해하는 요소가 되었다. 사고 싶은 걸 다 샀다가는 캐리어에 어떻게 넣어, 어떻게 끌고 다닐지 엄두가 나지 않았다. 어쩔 수 없이 욕심을 정리하고 천천히 둘러보면서 정말 갖고 싶은 몇 개만 골랐다.

결제 후 직원은 물건들을 예쁜 박스에 담고 다시 종이 가방에 넣어주었다. 지금부터 호텔까지 걸어갈 약 10분 동안 유지되다가 호텔 쓰레기통에 버려질 포장 박스와 바로 무거운 짐이 될 화장품을 보면서 스스로 정당화한 욕심을 정돈해 본 적이 없었다는 걸 깨달았다.

술을 마시지 않고 외식을 잘 하지 않는다. 기본적인 생활비가 적게 들어가는 편이라 절약하면서 산다고 자부했다. 그만큼 커피와 립스틱, 향수를 사는 데는 아끼지 않았다. 나의 사치는 '스몰' 럭셔리로 정당한 이유가 있었다. 나를 위한 투자 한두 개쯤은 해야 한다고 스스로를 설득하면서 잘사는 방법 중의 가장 중요한 포인트는 '나를 위한 선물'이라 생각했다. 아직도 화장대에는 나를 위할 줄 알았던 유통기한이 지난 비슷한 색깔의 립스틱이 전시되어 있다. 똑같은 립스틱을 또 사기도 하고(이미 소유했다는 것도 잊은 채). 정확히 몇 개를 가졌는지, 잃어버렸는지도 모르고, 바르고 싶을 때 찾지 못하면서도 버리지 못한 손때 탄 립스틱들이 여전히 안방 화장대를 채우고 있었다.

#

오전에 글을 쓰기 위해 카페로 향했다. 장갑을 끼고 모자를 쓰고 목도리를 두르고 호텔을 나섰다. 밤새 프라하의 지붕에 눈이 쌓였다. 카페에 도착해서 한국인답게 아이스 카페라테를 주문하고 창가에 자리잡고 턱을 괴고 창밖을 바라보았다. 유럽 어디에도 있는 아이스커피와 "두 유 노우 비티에스?"에 "오, 예스!" 하는 대답은 여행하는 동안 애국심을 담뿍 느낄 수 있게 해주었다.

밤새 눈 내린 프라하의 거리라니. 속눈썹을 그윽하게 늘어뜨린 옆모습을 그리며 촉촉한 감성에 젖기 좋은 시간이었다. 창밖의 느리게 걷는 사람들을 보면서 나이가 드니 경험에도 요령이 생겨 잘 사랑하고 풍족하게 사랑을 줄 수 있지만 처음처럼 애틋하게 사랑할 순 없다는 생각이 들었다. 어떤 면에서 사랑은, 사랑도 과거가 전부라고. 경험도 과거, 성공도 과거, 실패도 과거. 나아짐도 과거보다 낫다는 거니까.

일기예보에서 오후는 따뜻할 거라 해서 옷을 가볍게 입고 프라하성을 한 번 더 갈 생각이었다. 호텔에서 프라하성까지는 도시를 걷고, 다리를 건너 오르막과 내리막이 반복되었는데, 운동하고 산책하고 도시 전체를 바라보기 참 좋은 코스였다. 아침에 일어나 카페에서 글을 쓸 때까지만 해도 그 시간이 참 좋았다. 노트북을 덮고 호텔에 돌아와 발 뻗고 누웠더니 따뜻하고, 또 그게 최고다. 점심을 먹으러 나왔는데 거리엔 눈이 내리고 있었고 온통 설렘으로 가득했다. 맥앤치즈를 먹으며 바라본 눈 쌓인 창밖은 그렇게 황홀할 수가 없다. 하루 종일 이렇게 점층적인 기분이라니.

타지의 카페에서 들리는 타인의 말은 그저 목소리. 의미를 알지 못하는 알고 싶지 않은, 그래서 의미 없는 백색소음일 뿐이었다. 이날 처음으로 프라하 사람들은 눈 오는 날 무슨 이야기를 하는지 궁금했다. 일기예보가 맞지 않아서 화를 낼까, 혹시 이렇게 멋진 풍경을 당연하게 생각할까. 아님, 걷기 힘들다고 불평할까. 그 나라 사람들의 마음과 생각이 궁금하기 시작했다는 건 아마도 여행에 마음이 열렸다는 뜻이기도 할 거다. 이제야, 겨우.

궁금한 마음을 안은 채 눈이 내리는 거리를 걸으니, 기분이 제법 쌉싸름해졌다. 타인을 궁금해한 후 오는 이 쌉싸름함이 외로움일까. 점층적으로 올랐던 기분은 호텔로 돌아와 컵라면을 먹으면서 해소되었다. 결국 제자리를 찾아준 건 뜨끈하고 얼큰한 라면 국물이었다고 한다.

유럽 여행이면 당연히 유럽 음식을 먹으며 살 줄 알았다. 샌드위치

나 시리얼, 핫도그를 먹으며 굳이 한식당을 찾지 않을 거라는 예상은 완전히 빗나갔다. 나는 하루에 한 끼와 커피 한잔이면 하루 종일 활동이 가능하고 두 끼를 먹으면 살이 붙는다. 여행 중 세 끼를 다 챙겨 먹을 의지도 없었지만, 하루 세 끼를 먹으면 몸이 무겁고 체했다. 여행하면서 한식에 대한 무한한 감사함을 실감했다. 이틀이나 삼일에 한번은 매콤한 음식이 당겼고, 컵라면을 마치 보약 먹듯이 찾아 먹었다. 처음엔 겉절이와 샐러드 사이 같은 김치를 쳐다보지도 않았지만, 여행이 길어질수록 김치와 비슷한 건 다 챙겨 먹었다. 하루 2만 보는 기본으로 걸었기에 자주 배가 고팠고 허기졌다. 빵과 디저트를 좋아했지만, 그로 채워지지 않는 허기짐이 자주 느껴졌다. 뜨끈한 국물만이 채워줄 수 있는 허기는 별도로 진다. 낭만을 찾아 떠나려면 매콤함이 필요했고 어쨌든 허기짐을 해결해야 했다.

프라하에서 그냥, 그럭저럭, 보통으로 행복하게 지냈다. 이틀 정도면 관광지를 다 돌아볼 수 있는 작은 도시에서 2주일 넘게 밍기적거렸다. 일찍 자고 늦잠 자고 이름 모를 빵을 입 안에 오물거리고 얼어붙은 길에서 넘어지면서 낭만과 일상을 함께했다. 호텔엔 빨래가 쌓여있고 독일로 갈 생각에 막막함과 두려움도 느끼면서. 프라하의 호텔 조식은 아무리 먹어도 시간도, 메뉴도 적응이 되지 않았다. 단순히 맛의 문제는 아니었다. 프라하란 도시의 아침이란 시간적 문화가 나와 맞지 않았다. 손톱이 깨졌다. 다시 중앙역으로 가는 동안 프라하의 돌길을 캐리어가 버텨줄까, 쇼핑한 물품들이 추가되었으니 더 무거워졌겠지. 편안하고 자잘한 고민들이 질서정연하게 나를 괴롭혔다.

그런데 이런 작은 불안과 문제점들이 그냥저냥한 행복에는 아무 영향을 주지 않는다는 생각을 했다. 호텔로 돌아가 빨래는 하면 되고 입맛에 맞는 음식은 찾아가면 된다. 사실 여행은 예측할 수 없는 불안과 문제점들을 문제 삼지 않는 연습이기도 하다. 프라하에 보름 정도 머물면서 호텔 청소는 다섯 번 정도 한 것 같다. 타인의 손과 약품으로 깨끗해진 공간보다 내 손으로 대충 정돈해 둔 공간에서 편안함을 느낀다. 바깥이 너무 새것들이라 안은 좀 헌 거였으면 해서. 청소를 원하지 않는다고 말했을 때 신나 하던 하우스키퍼의 기쁜 표정을 보면서, 이렇게 먼 곳에서 나도 누군가에게 기쁨을 줄 수 있음에 또 신이 났던 것 같다. 그런 식으로라도 인정받고 싶었다.

현실로 돌아와 김치찌개 보글보글 끓이면서 등 따뜻하고 배부르게 먹은 후 그래, 그때 그랬지, 하고 웃으면서 찾아볼 수 있는 후차적 낭만, 가본 자만 아는 낭만적 감성. 그곳에 가고 싶다면, 아름다웠다는 추억이 간직된다면 혼자서 지키고 싶은 비밀 같은 기억이 있을 때, 그곳은 낭만적인 기억으로 남을 수 있다. 언젠가 햇볕이 따스하고 바람이 선선해서 걷기 좋은 계절, 일상이 아닌 곳에서 오래도록 걷고 싶어지면 한 달 살기를 하러 다시 프라하로 갈 것이다. 그땐 좀 더 막 살리라.

시위 혹은 축제, 그래서 대화

　　기차 안에서 나라의 경계를 넘어본 초보 여행자들은 적잖이 놀랄 것이다. 나 또한 그랬으니까. 여행에서 핸드폰이 통신 기능을 잃는 건 건강한 다리를 잃는 것과 같다. 잠시 먹통인 핸드폰에 놀라 터치하고 흔들고를 몇 번 반복하다 보면 대한민국 영사관에서 국경을 지났다는 문자가 온다. 안전한 여행이 되길 바라며 혹시 무슨 일이 있으면 전화하라며 전화번호를 남겨준다. 통신사에서도 문자가 온다. 지금 사용하고 있는 요금제는 무엇이고 그 나라에 가서 인터넷을 제대로 사용할 수 없다면 연락하라고 고객센터 전화번호를 남겨준다. 그 문자가 제시하는 시간이 한국시간인지 유럽시간인지도 모르고 한 번도 걸어본 적 없는, 어쩌면 지극히 자본주의적인 한글과 전화번호를 보며 '어떻게든 한국과 이어지고 있구나!'를 실감하면 마음이 편안해진다.

프라하에서 베를린까지는 비행기와 기차, 버스를 이용할 수 있다. 비행기는 상대적으로 빨리 도착하고 버스는 비용이 저렴하다. 유럽 대부분의 공항은 도심에서 멀리 떨어져 있어 시간을 들여 공항까지 가야 하는데, 공항까지 가기 위해서는 또 버스나 기차, 지하철을 타야 한다. 프라하역까지 걸어갈 수 있었고, 프라하역에서 베를린 중앙역까지 기차로 다섯 시간 정도 걸렸다. 기차는 공항을 찾아가는 번거로움을 덜 수 있고 짐을 따로 보내고 보안검사를 하고 기다려야 하는 비행기보다 훨씬 수월한 교통수단이었다.

한국에서는 대중교통을 잘 타지 않는다. 처음에는 차가 있고, 그저 대중교통을 타기 위해 들여야 할 수고로움 때문이지 않을까 생각했는데, 글을 쓰면서 깨닫게 된 삶의 트라우마가 있었다. 이십 대 초반의 언젠가, 친구들과 술을 마신 후 집에 가기 위해서 혼자 택시를 탔다. 뒷자리에 앉아 눈을 감고 있는데, 기사는 몇 번 질문을 던지더니 옆자리에 앉으라며 성적인 말을 이어 했다. 그때 바로 택시에서 내렸는데, 기억이 오래되어서인지, 아님, 충격 때문인지 계산은 어떻게 했는지 집으로 어떻게 왔는지까지는 기억이 없다. 기사에게 우리 집이 어딘지 말했는데 어떡하지, 걱정하면서 울고 싶었던 것 정도 떠오른다. 그 후로 새벽까지 술을 마시지도 택시도, 버스도 타지 않았다.

상대적으로 비행기는 괜찮다. 비행기가 갑자기 폭발하거나 어디서 범죄자가 나타나는 상상이 간혹 되지만 참을 수 있는 정도다. 비행기에서 느껴지는 승무원의 도를 지나치지 않는 친절함이, 아무것도 요구하지 않으면서 같은 목적지로 가며 서로를 배려하고 조심하는 친밀한 무관심이 좋다.

프라하에서 독일로 가는 기차를 타고, 혼자 앉아있었다. 자유석 티켓이라 비어있는 자리 아무 데나 앉으면 되었다. 여섯 명이 앉을 수 있는 방 형태의 공간에 자리 잡고 무거운 백팩을 머리 위 선반 위에 올린 후 가면서 읽으려고 했던 책을 가방에 두었음을 알아차린 찰나였다.

"여기야? 맞아? 이 방인데?"

"잠깐만."

"기다려 봐."

"와, 진짜 힘들다."

드르륵거리며 무겁게 밀리는 캐리어 소리와 함께 한국말이 들렸다. 체코어만 듣다가, 어설프게 영어만 하다가 오랜만에 한국말로 하는 대화는 귀에 착착 꽂혔다. 세 명의 한국 여성이 내가 있는 방으로 들어왔다. 그 순간 오래된 친구를 만난 것처럼 정말 얼마나 반갑고, 얼마나 기뻤는지 모른다. 농담하는 기쁨, 쓸데없는 말, 날씨 이야기, 불만을 알아듣고 털어내어 들어줄 사람이 있다는 감사함, 이렇게 친근함이 담긴 대화를 듣는 게 얼마 만인가. 한국 사람들의 한국어를 듣자, 나도 모르는 애국심과 정이 차올랐다. 그분들의 캐리어까지 들여놓으니 여섯 명이 앉을 수 있는 공간은 짐과 사람으로 가득 찼다. 꽉 찬 갑갑함을 느끼며 제법 여행자 같은 기분이 들었다. 우리는 힘을 합쳐서 캐리어를 정리하고 자리에 앉았다. 숨을 잠시 돌리고 일단 사과를 했다. 셋의 대화를 엿들으려 들은 건 아닌데 너무 반가웠고 본능적으로 귀에 꽂혔다고. 그 말을 시작으로 우리는 자유석인 내가 그 자리에서 밀려 나올 때까지 수다를 떨면서 베를린으로 향했다.

　한국으로 돌아온 후, 타 지역으로 일을 보러 갈 때 지하철을 탈까, 고민하기도 하고, 좋은 택시 기사님도 많을 거라는 생각을 하게 되었다. 더 이상 대중교통과 택시가 불안하게 느껴지지 않았다. 서울 출장에서 KTX와 지하철 노선을 알아보면서 직접 운전해서 가야겠다고 생각하지 않는 나 자신이 어색해 왜일까 생각해 보았다. 인과관계가 또렷한 이유 같은 건 없겠지만 덜컹거리는 기차와 베를린, 예쁜 숙녀 세 명이 떠올라 마치 한국에서 바로 베를린으로 가는 가벼운 기분이 느껴졌다. 사실 불안이란 감정과 마음이라 정확하게 따질 수는 없고, 지금 기차를 타거나 버스, 지하철을 타는 일이 수월해진 건 분명하다.
　여행이란, 자신 없던 일에도 나도 모르게 무언가 사그라지고 다시 채워지는 것. 몰랐던 트라우마가 툭 튀어나오고 잘 치료되어 다시 툭 하고 사라지나 보다.

#

　베를린으로 갔던 이유는 가슴 구석에 남아있었던 죄책감 때문이었다. 오래전《죽음의 수용소에서》를 읽었다. 유대인 탄압과 학살에 대한 처절한 이야기가 나에겐 절대로 일어나지 않을 일, 나와 상관없는 영화처럼 다가왔다. 영화 속의 살인은 어차피 가짜라는 듯이, 심지어 영화 속 살인자를 연기하는 배우가 섹시하다며 반하고 화면 속 삶의 고달픔도 재미있다고 표현하듯이 그렇게 읽었다. 과거보다 현실이 더 중요하니, 현실적인 문제가 더 시급하다고. 현실도 지옥이고, 그 지옥을 현명하고 똑똑하게 살아야 하는 건 개인의 몫이며, 삶의 의미보다는 지금 당장 더 많이 가져야 하고, 지구 반대편의 굶주림보다 지금 당장 나의 점심 메뉴가 더 중요했다.

잔인한 영화를 애초에 볼 생각도 하지 않지만, 혹시 보게 되더라도 눈을 가리고 귀를 막고 본다. 천천히 무슨 짓을 할 것 같은 분위기로 몰아가면 어깨를 한껏 움츠리고 눈을 가리고 귀를 막는다. 사실 손으로 눈을 가려도 손가락 사이를 벌려 그 사이로 보이는 만큼은 보고 귀를 막아도 어떤 상황인지 짐작할 수 있을 만큼은 들린다. 영화사에서 삽입해 둔 사운드는 어떤 방식으로든 귀를 뚫고 들어오지만 눈 감고 귀 막기는 제법 효과가 있다. 끔찍함을 피했다는 안도감과 원하는 만큼만 보았다는 희열, 이야기의 흐름을 놓치지 않았다는 만족감이 함께 느껴지는데, 가끔 눈을 가리고 귀를 막았던 영화를 다시 보면 그 장면을 볼 수 있다는 근거 있는 자신감이 생기기도 한다. 그런데 다시 봐도 상황은 비슷하다.

이런 회피하는 성향과 잘 피했던 경험, 과거사에의 무지가 현실을 직면할 적극성을 상실시켜 버렸는지도 모르겠다. 가슴 한구석에는 무어라 정의할 수 없는 죄책감과 다시 읽어야 한다는, 긁어내야 한다는 의지가 자리했다. 글을 쓰고, 글을 쓴 만큼 뱉은 말은 많아지고, 그만큼 나이가 들어 삶과 철학, 역사와 관련된 영상을 찾아보게 되면서 피하고 무지한 채 부끄럽게만 살 수 없다는 확신이 짙어졌다.

독서 모임 참여자들과 함께한 광주 여행도 직면해야 하는 이유를 찾아주었다. 우리는 《소년이 온다》를 읽고 광주로 떠나 민주화 운동의 흔적을 따라가 보았다. 취향이 비슷한 사람과의 가벼운 힐링과 5.18 당시의 무거운 처절함을 함께 느꼈다. 여느 여행처럼 수다를 떨며 웃으며 산책했고 희생자들을 추모하며 가슴 아파했다. 그 당시 광주에서 일어났던 일들을 보고 듣고, 비석에 새겨진 이름을 기억하며 반복하지 않기 위해선 직면해야 한다는 걸 깨달았다. 당시의 처참한 모습이 담긴 사진을 보고 걸으며 정말 펑펑 울었다. 왜 그렇게 눈물이 났는지, 그땐 몰랐다. 애국심, 그 정신을 받들어 숭고하게 희생하며 살아야겠다는 거창한 마음은 아니었다. 그저 무지했던 과거의 후회, 회피하면서 느꼈던 편안함에 대한 부끄러움과 미안함, 앞으로는 달라져야겠다는 다짐 정도였다. 여행을 마친 후 다시 일상으로 돌아오고 난 후, 과거를 알고 배우고 나아가고자 하는 의지를 다진 만큼 직면할 힘이 생겼다. 시간이 날 때마다, TV에서 유대인과 자유, 인간의 존엄성, 정치적 탄압에 관한 프로그램을 볼 때마다 《죽음의 수용소에서》를 다시 꺼내 읽었다. 그 시대에 이입하고 한 사람, 한 사람의 입장이 되기 위해 마주했다. 시간이 훨씬 많이 걸렸다. 감정도 훨씬 더 소모되었다. 그래도 관련된 정보를 찾으면서 천천히 다시 읽고, 천천히 다시 읽었다.

회피하며 읽는 것과 직면하며 읽는 건 명백하게 달랐다. 한 번 읽는 것과 두 번 읽는 것은 아픔의 크기가 현저히 다르게 다가왔다. 알고 읽는 것과 모르고 읽는 것도 천지 차이였다. 한 번 읽고, 그 책에서 알게 된 배움으로 두 번째 읽는 것도 다르게 느껴졌다. 여러 번 반복하며 읽을수록 그 시간의 처절함을 실감할 수 있었다. 아직도 그 처절함을 끝까지 받아들였는지는, 다 안다고 말해도 될지 잘 모르겠다. 사람은 아는 만큼 보이고 아는 만큼 생각하는데, 나의 아는 것은 얼마나 보고 얼마나 생각하게 했을까.

전쟁의 피해는 돈과 숫자로 계산된다. 전쟁 기록을 찾아보면 온통 숫자들이다. 기록으로 남겨져 있는 숫자의 규모를 분석하는 게 아니라 숫자로 표현되지 못한 희생과 마음들을 되새기고 기억하는 일이 남아있는 사람들이 할 일이 아닐까, 글을 쓰는 사람들이 기려야 하는 정신이 아닐까, 짐작해 보았다. 그런다고 과거가 달라지는 건 아니지만, 희생된 사람들을 위로할 순 없겠지만, 그래도 세상을 보는 눈이 바뀌지 않을까. 세상을 보는 올바른 눈이 모여야 더 좋은 세상을 만들지 않을까.

출국하기 전, 서울의 서대문형무소 역사관을 먼저 방문했다. 무거운 마음으로 걸었고 회피하지 않고 안내문을 읽으며 과거를 직시했다. 회피하지 않고 외면하지 않기 위해 아파하고 무거워지기 위해 베를린으로 갔다. 독일은 기록의 나라라 불린다. 거리에는 모니터와 안내판으로 과거를 기억할 수 있는 기록물을 영상 혹은 글로 전시하고 있다. 거리 곳곳에서 쉽게 탱크와 장군 동상을 볼 수 있으며 독일 사람들과 여행자들은 전쟁 역사를 접한다. 베를린 중앙역 근처의 공원 입구에도 독일 전쟁 역사와 당시의 희생자들을 추모하는 전시가 마련되어 있었고 사람들은 와인을 마시고 프레첼을 먹으며, 담배를 피우면서 그 앞에 서서 전시를 관람하고 있었다. 진지한 표정이었지만 잔잔히 웃는 모습이 신기하게 느껴졌다. 길에 서서 와인을 마시며 과거를 돌아보면서 자연스럽게 타인과 역사를 말할 수 있는 사회적 분위기가 우리와는 많이 달랐다.

베를린 중앙역 근처로 호텔을 정했다. 베를린 장벽과 홀로코스트 메모리얼, 독일의 역사를 볼 수 있는 박물관 몇 개를 방문할 2박 3일 짧은 일정이었다. 짐을 풀고 브란덴부르크를 볼 겸 산책을 나갔다. 국회의사당 앞에 많은 사람들이 모여 있었고 노랫소리가 크게 들렸다. 얼핏 보면 동아리 단합대회인가 싶었다. 대학생으로 보이는 친구들이 손에 피켓을 들고 모여 앉아 빵을 먹고 있었고, 그들은 소풍 온 것처럼 보였다. 주변에는 검은 옷을 입은 경찰들이 대기하고 있었다. 독일어는 전혀 몰라 분위기만으로는 도저히 가늠할 수 없었다. 난 여행자니까 그래도 조심해야 할 것 같아 주변에 자동차 모양에 적힌 독일어를 번역해 보니 농업개혁 반대 시위였다. 도무지 이해할 수 없는 상황이었다. 앞, 뒤 정치적인 상황은 잘 모르겠지만 농협개혁은 농민들이 반대하는 것 아닌가. 그러니까 농업에 종사한 사람들, 농민들이 참여해야 하는 거 아닌가. 집회에 참여하고 있는 사람들을 다시 보아도 대학생처럼 보였고 더 어려 보이는 사람들도 많았다. 마치 동아리 모임처럼 활기 넘쳤고, 처절하지 않았다. 내가 생각하는 시위는 자신이 속한 집단의 이익을 위해서 하는 것이었다. 나와 상관있는 정책은 유심히 보고 상관없는 정책까진 굳이 관심 두지 않는다. 모든 정책에 관심을 가지면 삶이 피곤해진다. 정치적인 성향이 강한 사람들, 만나서 정치 이야기를 하는 사람들은 불편했고, 무관심도 응답이라고 적당히 알아주길 바라면서 우리나라 정치가 조용히, 순탄히 운영되길 바랄 뿐이다. 이제 친구들의 아이들이 하나둘씩 초등학교에 입학하게 되는데, 우리 애가 학교에 들어가니까 교육감이나 교육 정책에 관심이 가더라는 말에도 고개가 끄덕여졌다. 아이들에게 강의를 하기 위해 교육 정책과 분위기에 관심을 두기도 하지만, 그게 아닌 평소엔 정치와 약간 거리를 두는 게 속 편하다고 생각했다.

아이들이 만들었음직한 자동차 모양의 피켓을 보면서, 유럽 특유의 괴상한 표정의 허수아비를 보면서, 작은 아이가 들고 있는 피켓을 보며 저 아이는 적어도, 자기 소명을 정하고 또렷이 표현할 수 있는 어른으로 크겠구나, 생각했다.

저녁쯤 호텔로 돌아오는데 국회의사당 앞에 어제보다 더 많은 사람들이 모여 있었다. 그날은 파티 같기도 했고 클럽 같기도 했다. 마이크를 통해 열정적인 목소리가 울려 퍼지며 시위는 최고조에 달했다. 갑자기 에엥, 하는 경찰차 소리가 들렸고 경찰들은 중앙역 쪽으로 건너갈 수 있는 다리를 다 막아서서 아무도 건너갈 수 없는 상황이었다. 아는 사람 하나 없는 독일에서 내 앞을 무장한 경찰이 가로막고 있다니. 정말 기가 막힐 노릇이었다. 이 시위가 끝나지 않으면 어떻게 하지, 내일 비행기를 타야 하는데, 그 비행기를 놓치면 어떻게 해야 하나, 혹시 독일 경찰서에 끌려가면 번역기를 사용할 수 있나, 핸드폰 배터리가 버텨줄까. 정말 오만 상상이 다 되었다. 마치 마지막 인사를 하듯이 남편에게 카톡을 보냈다. 회식이 있다던 이 남자는 1을 없애지 않은 채 한식과 소주를 먹고 있었을 테다.

황당하고 무서워 울먹이는 나와 달리, 누군 노래를 부르고 누군 경찰에게 계속 말을 걸었고 또 누군가는 막 따졌다. 다리에 걸터앉아 환하게 웃으며 말하는 사람도 있었다. 뭐라고 했는지 잘은 모르겠으나, '잘하는 짓이다' 정도의 느낌이었다. 그냥 편하게 주변 사람들과 대화하는 사람도 있었다. 분위기에 용기를 얻어 경찰에게 말을 걸었다. 나는 관광객일 뿐이다. 이 시위와는 아무 상관이 없다고 말하면서 호텔이 다리 너머에 있다고 손가락으로 가리켰다. 경찰은 여기 서 있는 사람들 모두 그렇다고 말하고는 어설픈 내 영어를 귀담아들어 주었다. 불안한 눈빛으로 바라보는 나를 보며 팔을 뻗어 어깨를 움직이면서 봐주겠다고 말했다. 그때는 긴장하고 겁이 나서 몰랐는데, 지금 생각해 보면 수영해서 넘어가는 건 눈감아 주겠다는 말과 장난이었던 것 같다.

이것도 신기했다. 경찰들은 사람들의 물음에 일일이 대답해 주었고 사람들은 경찰의 지시를 따랐다. 그들이 하는 건 탄압이 아니라 대화고 소통이었다. 시간이 지나자 시끄럽던 음악 소리와 구호는 잦아들어 경찰들은 철수했고 나는 호텔로 갈 수 있었다. 시위한 사람들도 할 만큼 했고, 경찰들도 막을 만큼 막았고, 그러니 이 정도면 충분히 되었다는 서로의 사인 같았다. 그리고 아직 신기하다. 그 태연함과 질서가. 호텔에 도착하자마자 독일 경찰서의 철창에 갇힐 것 같은 두려움이 신기함으로 바뀌는 것 역시 신기했다.

베를린은 기록과 사죄, 과거에의 직면, 반복하지 않고 번복하지 않음에 대해 생각하게 하는 도시다.

#

여행에서는 마치 글을 쓰고 그림을 그리듯이, 불편하지 않게 극단적인 가정이 가능하다. 예를 들어 비행기가 한번 흔들렸을 뿐인데 이 비행기가 폭파되거나 떨어지면 어떻게 하지? 하는 불안, 지하철 한 번 잘못 탔을 뿐인데 국제 미아가 되면 어떻게 하지? 하는 잊기 좋은 불안을 경험할 수 있다. 잠시 흔들렸던 비행기가 안정을 찾으면 불안했던 상상을 즉각 멈추고 바로 도착지에서의 설렘을 기대하게 된다. 매일 달고 있던 핸드폰이 무용지물이 되고 몸은 약간 피곤한 상태, 아주 조금 확보된 좁은 공간에서 나만의 방식대로 시간을 보내야 한다. 불안한 마음에 이내 설렘이 들어오는 경험은 여행만이 줄 수 있는 특별한 시원함이다. 비록 그 길이 틀리더라도 그냥 돌아가면 그뿐이라고, 실패를 향한 건강한 각오, 여행은 '어떻게'에 집착하지 않는 시간으로 도망치는 시간이다.

유럽의 아름다운 도시를 걸으며 평생 글을 쓰고 싶다는 생각을 자주 했다. 일상에서도 자주 한다. 일상에서는 평생이란 시간을 가늠하며 어떻게 하면 지치지 않고 쓸 수 있을까, 더 좋은 글을 쓸 수 있을까, 돈을 벌어야겠지, 유행도 따라야겠지, 책을 읽는 사람들이 줄어든다는데, 하는 구체적이고 진지한 고민이라면, 여행에선 막연히 평생, 방법이나 얼마나 힘든지 같은 건 모르겠고 쓰고 또 쓰는 사람이 되고 싶다, 정도로 가볍다.

글을 쓰고 강연하는 삶은 글을 쓰면서 숨고, 강연하면서 잠시 사람들 앞에 나서고, 다시 제자리로 돌아와 글을 쓰면서 숨을 수 있다. 동네 카페 구석에서 혼자 조용히 글만 쓰고 싶다가도 그래도 읽히고 싶고 사랑받고 싶으면서, 주목받으면 부끄럽지만 또 타인에게 기쁨과 감동을 주고 싶은 나에게 너무도 잘 맞는 일이다. 글은 쓰기 위해서도 노력해야 하지만 읽히기 위해서도 애써야 한다. 작가로 산다는 건 쓰고 읽히기를 모두 감당하는 일이라는 걸 잠시 잊은 채 어딘지 모르는 거리를 걸으며 버스를 탈까, 하다가 걸어가지 뭐, 해서 걷다가 손이 시려 주머니에 찔러 넣고 얼어있는 거리를 조심스럽게 걷다가도 불쑥, 평생 글을 쓰고 싶어졌다.

　이번 여행에서 가장 중요한 건 4월 출간 예정이었던 소설을 퇴고하는 일이었다. 소설을 쓴다는 건 이제 나에겐, 에세이보다 더 글쓰기 앞에 솔직해지는 일이 되었다. 처음 소설을 쓸 때 너무 무서웠다. 소설이라고 썼던 원고는 자꾸 에세이로 읽히고 작정하고 정신 차리길 바라는 마음으로, 독하게 썼는데 독자들은 친절하고 다정한 문체라며 다독여 주는 기분이라고 했다. 환장할 노릇이었다. 친구를 만나 너의 단점을 고치라고 말하리라 굳게 다짐하고 나갔지만, 그 친구의 고민만 잔뜩 들어주고 온 기분이었다. 내가 고작 이 정도의 작가인가, 자책도 많았다. 글쓰기를 오래 할수록, 글쓰기를 애정할수록 글을 쓰는 일은 오롯이 나만을 위한 글쓰기가 아니라 읽는 사람을 위한, 책값을 지불한 사람들을 위한 글을 써야 한다는 사실을 받아들여야 했다.

　그래도 포기할 수 없다는 건 운명이다. 그러함에도 글쓰기가 좋았고 소설 쓰는 게 좋다. 사실 여행의 많은 시간을 카페에 앉아 아이스라테를 시키고 노트북 앞에서 보냈다. 오전에는 소설을 쓰고 오후에는 주변을 돌아보는 식이었다. 오전에 글을 쓰면서 놀기만 하는 건 아니라는, 당장 놓을 수 없는 생산적인 할 일이 있는, 소비지향적인 어른은 아니라고 위로해야 오후에는 주변을 돌아보며 도시를 여행할 수 있었다. 현지에서 느꼈던 이질감과 백색소음을, 의미를 모르던 말과 표정을 견디기 위해 쓰고 또 썼다.

　아마 오전을 받쳐주고 채워주는 글쓰기가 없었다면 여행은 낯선 두려움이 갑자기 몰려올 때 갑자기 포기되었을지도 모르겠다.

하루 종일 호텔에 있는 건 여행에 대한 예의가 아니기에 매일매일 외출하는 삶. 일상의 중심과 여행의 중심을 잡기 위한 부단한 노력, 여행인지 일상인지 헷갈리는 고단함은 따로 쌓인다. 처음부터 하나하나 스스로 선택하고 부담하면서 여행의 낭만보다 여행의 현실이 더 직접적으로 다가온다.

혹시 여행의 중심을 잡기 위해 일상에서 찾은 정답을 커닝하고, 여행의 고단함으로 현실의 고단함을 털어내는 건가. 다리를 막아섰던 무장한 독일 경찰을 다시 만나면 이제 편안하게 느낄 것 같은데. 이 정도면 간은 좀 커진 거겠지.

장바구니에 담긴 바게트, 그 위의 빨간 장미

프랑스 파리로 가겠다고 했을 때, 어디를 간대도 그런가 보다 하던 남편이 처음으로 조심하라는 말을 몇 번이나 하며 걱정했다. 낭만적이지만 까칠한 도시, 콧대 높고 도도한 도시, 유럽인 듯 유럽이지 않은 듯, 익숙하지 않은 나라 프랑스. 에펠탑에 대한 자부심으로 나를 한껏 주눅 들게 한 도시 파리. 그렇지만 사람들의 편견과 걱정은 프랑스 파리를 선택하는 데 아무런 영향을 미치지 않았다.

어차피 나는 쉼과 글에 있어서는 타인의 말을 잘 듣지 않는다. 이렇게 쉬어야 해, 저렇게 써야 잘 쓰는 거야, 하는 말 따위는 어쩐지 성의 있는 사기 같다. 성의를 봐서 들어는 보는데, 결국 별 도움 되지 않는 말들. 고민하고 회피하고, 부딪히고 울어봐야지. 눈물이 나야 느낄 수 있는 깨우침처럼 내 방식대로 쉬고 나의 목소리로 글을 쓰고 싶다. 그러니까 가봐야 안다. 즉, 법적제재가 없다면 누가 뭐라든 간다는 말이다. 그렇다. 이거 제멋대로와는 분명 다른 합당한 소신이다.

사실 타인의 걱정 어린 시선과 도시의 치안보다 더 문제는 호텔이었다. 에펠탑과 미술관을 천천히 둘러보고 글도 쓰고 여유롭게 산책도 하려 일주일 정도 머물고 싶었는데, 프랑스 시내 중심가 호텔은 너무 비싸서 엄두가 나지 않았다. 거리와 낭만, 통장 잔고와 환율, 도시에서 멀어질수록 써야 할 시간과 에너지에 수없이 타협하며, 도심에서 살짝 벗어난 중심가까지 지하철로 여섯 정거장 정도 떨어진 호텔을 예약하고 비행기티켓을 구매했다.

그냥 한다, 그냥 간다.

물론 그렇게 단순한 그냥은 아닐 테다. 이유가 있을 테다. 지금의 이유를 만들어 준 결과가 있을 테고 결과에 대한 평가도 있을 테다. 그냥 한다는 말은 이유 없이 무조건 한다는 말이 아니라 굳이 그 이유를 찾지 않는다는 말이다. 이유 찾는 데 시간을 보내지 않으면 그만큼 시간과 힘을 벌 수 있다. 세상에서 가장 소중하고 비싸면서도 공평한 게 시간이기에 우린 시간을 시간 자체로 낭비하지 않아야 한다. 특별하고 구체적인 이유를 찾는 과정은 그냥 가고 있는 길을 방해할 때가 많다. 아침에 눈을 떴으니, 기지개를 켜고 배가 고프니 밥을 먹고 일어난다. 목표가 있는 사람을 존중하면서 성장하고 나아가는 사람들을 존경하면서, 하지만 나의 영역은 아니기에 그런 사람들은 그냥 스쳐 가면서.

나는 이미 그 이유 없는 이유들로 가득 차 있다. 그냥 가고 있는데, 그냥 쓰고 있는데, 이유 없이 그렇게 쓸 수 있냐, 그렇게 쓰는 이유는 뭐냐, 장점이 뭐냐, 그래서 목적이 무어냐, 최종 목표는 없냐. 그런 질문 앞에 한껏 이상주의자가 된다. 글을 쓰면 나를 돌아볼 수 있고 행복해질 수 있다. 내가 좋은 사람이 되어야 주변에 좋은 사람들이 모인다. 그래도 주변에 좋은 사람이 많지 않으냐, 아직 살 만하지 않으냐고 말하면 아직 세상을 모른다는 듯 이상하게 나를 바라는 사람이 여전히 많다. 그런데 신기하게도 생각해 보니, 있다? 그러네? 그렇지, 하고 긍정적으로 생각의 방향을 돌려보는 사람들도 있다. 이런 긍정적인 질문을 받아본 적이 없다고, 세상을 올바르게 바라봐도 된다고 말해주는 사람이 없었다면서.

일주일 넘게 파리에 있으면서, 가까운 근교 베르사유나 몽생미셸을 가볼까 살짝 고민하고는 오로지 그냥 파리에만 있었다. (특별 여행 제한 구역이 아니라면) 여행자가 할 일은 그 나라의 치안에 대해 상세히 알고 조심할 곳을 외우고 정신을 바짝 차린 후 다시 짐을 싸고 챙겨야 한다. 가겠다면 마음 졸이지 않아야 한다. 불안한 마음을 달래는 데 시간을 쓰는 것보다 쫄지 말고, 입맛이 맞지 않더라도 밥을 든든히 먹고 비행기에 몸을 실은 후 씩씩하게 호텔을 찾아가는 것이다. 지구의 어디에 찍혀있는지 몰랐던 오를리 공항, 파리의 도심에서 먼 호텔, 처음 타보는 파리의 지하철과 버스. 무거운 캐리어에 어깨만 한 무거운 백팩을 맨 여행자는 사실 다른 걱정할 여력이 없었다. 파리를 선택한 이유를 찾기에 나는 그저 현실적인 여행자였다. 유럽 곳곳을 돌아다니고 있는 정처 없는 상황이 현실이었다. 정해진 대로 움직이기만 하면 시간은 나와 짐을 파리의 호텔로 데려다준다. 불어를 몰라도 공항에 도착하면 버스나 지하철을 탈 수 있는 그림 안내판과 화살표가 있다. 구글지도는 비교적 정확하고 아주 자세히 목적지까지 안내해 준다. 답답하면 번역기 앱을 사용할 수도 있고, 시간을 착실히 따르면 목적지에 도착해 있다. 오를리 공항에 도착해서는 정확한 사고를 하기에 적절하지 못할 만큼 몸이 너무 힘들었고, 바로 한 시간 뒤가 까마득했으며 배가 고팠다. 작은 가방 속에 카드를 꽁꽁 숨기고 정신 바짝 차리고 다니면 어떻게든 되지 않을까, 정도 생각했던 것 같다. 다 사람 사는 곳이지 뭐, 정도가 마음을 다스릴 수 있는 유일한 문장이었다. 곧 열릴 파리 올림픽 때문에 파리 정부에서도 관광객들의 치안에 특별히 신경 쓰고 있다는 말을 믿으면서.

파리의 호텔을 찾아가면서 유럽 여행의 낭만과 환상이 거의 모두 깨졌다. 가벼운 배낭 하나 메고 따사로운 햇살 아래 밝은 옷을 입고 편안하게 산책하고 싶었지만, 깨끗하지 않은 거리, 화장실 없음, 나를 빤히 바라보는 시선에 대한 두려움, 혼자라는 사실이 오리지널 현실이다. 파리에는 한국에선 당연한 많은 것들이 없다.

여행은 일상에서 꾸는 꿈처럼 쉽게 낭만적이고 힐링적인 시간을 허용하지 않는다. 옷과 화장품, 기념품으로 가득한 캐리어는 무거웠고,

공항을 나오는 순간부터 호텔에 도착하는 순간까지 무거울 것이며, 등 뒤로 맨 백팩은 어깨를 짓누르며 함께할 것이다. 공항을 나오는 순간부터 어리바리할 것이며 현지 사람들은 너무도 쉽게 내가 여행자라는 사실을 알 것이다. 구글 지도 의지하며 더듬더듬 이해하지 못할 불어로 적힌 안내를 보면서 배부른 거북이처럼 움직였다.

공항버스를 타고 시내로 가는데 예약해 둔 호텔에서 문자가 왔다. 그때 버스에서 금방이라도 굴러다닐 준비를 하는 캐리어를 무릎으로 받치고 버스의 봉을 잡고 겨우 서 있었다. 다리가 아프다 못해 후들거렸고 무거운 백팩으로 어깨에는 감각이 없었다. 그 와중에 누군가 소매치기를 시도하지 않을까 부지런히 주변을 두리번거렸다. 당시 간절한 소원이 있다면 캐리어에 앉고 백팩을 내려놓고 싶었는데 그마저도 안내원은 안 된다고 했다. 캐리어 자리에는 캐리어만 두어야 한다는 것이었다. 어쩐지 한껏 주눅 든 채로 버스가 호텔과 가까운 정류장에 도착하길 바랄 뿐이었다.

그래도 여행에서는 그 틈 사이로 숨 쉴 만한 작은 에너지가 스며들어 온다. 호텔에서 보낸 문자에서 알아볼 수 있는 의미는 bonjour 하나였지만, 마지막에 하이픈 뒤에 있는 영어로 적힌 호텔 이름을 보면서 스팸문자가 아니라는 걸 알 수 있었다. 그 문자 하나에 온 정신이 뒤집어지게 설레고 설레었다. 몸이 이렇게나 힘들고 앞이 캄캄한데 뜻을 제대로 알지도 못하는 문자에 설렘이라니. 더군다나 불어도 모르면서.

호텔에 도착하기 위해서는 공항버스에서 내려 버스를 갈아타야 했다. 몸은 정말 죽을 만큼 힘들어도 버스를 갈아타야 할 때마다 초인적인 힘이 나왔다. 필요한 순간마다 캐리어를 번쩍 들었고 캐리어의 무거움을 느낄 때는 백팩의 무거움 따위 느껴지지 않았다. 몸의 고단함은 가만히 서 있어야 할 때, 약간 편해졌을 때, 정신이 들면 묵직하게 몰려왔다.

버스가 정류장에 잠시 멈추었다. 뒷문 쪽에 사람이 서 있었는데 기사님이 보지 못했는지 버스는 뒷문을 열지 않고 출발하려 했다. 그때 덩치가 아주 큰 흑인 여자가 아이가 타고 있는 유모차로 문을 쾅쾅 쳤고 버스 뒷문은 열렸다. 버스 문에 부딪히는 소리를 들으면서 여기가 '파리구나'가 실감 났다. 정작 흑인 여자는 하얀색 긴 손톱으로 아무렇지도 않게 핸드폰을 하다가 서너 정거장을 가더니 버스에서 내렸고, 나는 다다음 정거장쯤에서 내렸다.

정말 세상에 홀로 떨어진 기분이었다. 심장이 자꾸 쿵쾅거리며 진정되지 않았다. 다리는 후들후들 떨리고 혹시 지금 핸드폰을 꺼내면 누가 팔목을 치고 핸드폰을 훔쳐 가지 않을까, 세상에 나와 두려움, 둘이 남겨져 그 두려움과도 싸웠다. 비가 흩날리는 파리의 어느 길가에서 떨리는 손가락으로 더 떨리는 심장을 부여잡고 온 신경을 바깥으로 두고 구글지도를 열어 호텔 이름을 검색했다.

그런데 그 순간이 유럽을 여행하는 동안 가장 별로였던 순간이다. 파리란 도시를 내가 직접 선택했고, 많은 시간과 비용을 들여 도착한 곳에서 뭐가 그렇게 불안했을까. 하루를 마치고 각자의 집으로 바쁘게 가고 있을 현지인들과, 혹시 길을 물었다면 친절하게 알려주었을지도 모를 프랑스인들 속에서 나를 불안하게 했던 건 지금까지 보았던 공포영화와 흑인에 대한 선입견, 그리고 나 자신이었다. 앞과 뒤를 모르는 어떠한 상황 때문에, 한 사람 때문에, 특정 음식 때문에 춤추거나 실망하지 말자고 다짐하면 뭐 하나. 막상 닥치면 무서운 건 무섭고 두려운 건 두렵다. 내 마음이 언제는 마음대로 됐었다고.

그 후 일주일 동안 파리에서 느낀 건 생각보다 파리 사람들은 친절하고, 훨씬 더 나에게 관심이 없다는 거다.

#

유럽 곳곳의 기차역에서 헤어지는 연인들이 꽃다발을 품에 안고 키스하는 장면을 쉽게 볼 수 있다. 그들은 사랑하는 사람과 두 사람만의 세상을 만드는 방법을 잘 아는 듯하다. 꽃집의 꽃들은 화려하게 포장되어 있지도, 깔끔하게 정리되어 있지 않다. 꽃보다는 꽃병처럼, 꽃다발보다는 포장지처럼 무던하게 진열되어 있다. 마트에서 장을 보고 초콜릿처럼 진열된 꽃다발을 고르는 아빠와 아들을 보면 무한 감동이 전해진다. 프랑스에서 에펠탑을 보러 가려고 버스를 탔는데 장을 본 듯한 종이가방 안에 작은 바게트 위, 장미 한 송이가 올려져 있었다.

나는 그 장미 한 송이가 에펠탑보다 더 파리다운 낭만을 상징한다고 생각하고 한참을 바라보았다.

예전엔, 언젠가는 나만의 세상을 만들 수 있다고, 그 정도는 할 수 있다고 믿었다. 어릴 적 꿈꾸었던 나만의 세상은 타인과 멀어져도 멀쩡하게, 아쉬운 소리 하지 않으며 하고 싶은 걸 하는 삶이었다. 아무리 생각해도 큰 욕심은 아닌 듯한데. 매번 세상만 많이 변했다고 탓하면서 그 속에서 나도 많이 변했다. 사랑하는 사람과 만든 세상에 갇히고 싶다는 생각을 한 적이 있었다. 나를 구속하는 게 사랑이라 믿으며 빨간 장미 한 송이가 하루의 기분을 가득 채워줄 만큼 낭만적이었던 적도 있었다. 기억 속 내 얼굴이 너무 말갛고 순수해 오히려 어색하다. 프랑스 파리의 소소하고 작은 꽃집 앞에서 유리에 비춰본 나는, 쌀 대신 장미를 산다는 말을 믿지 않는 평범하고도 현실적인 어른이었다. 쉽게 믿을 수 없는 일을 이해하기 위해 자꾸 이유를 찾고 분석하려 애쓴다.

꽃은 낭만이 아니라 삶의 이론 같다. 꽃으로 잠시 웃고 잠시 기분만 좋아지는 것처럼, 꽃으로 마음만 건네고 받을 수 있다고 믿는 것처럼. 꽃은 시든다는 이론을 알지만, 우리는 꽃을 사고 상상하며 꽃으로 마음의 의미를 대신한다. 꽃은 시들면 시든 꽃은 도무지 필요가 없는 현실로 돌아오게 되어 다시 그대로 이어간다는 걸 잘 알기에.

학교에서 배웠던 수학 이론을 잘 외우지 못했다. 이론을 외워야 한다는 걸 받아들이지 못했던 것 같다. 이론이 만들어진 원리가 있을 텐데, 그럼, 원리를 이해해야지 외우기만 하라니. 이론이니까 기본적으로 암기를 하라는 게 도통 받아들여지지 않았다. 친구들 중에는 수학 공식을 외우는 사람도 있었고 이해하는 사람도 있었다. 수학 시험을 잘 치는 사람들은 이해하고 나서 외우는 쪽이었을 것이다. 외우고 나서 이해하거나 어쨌든 둘 다. 그럼 더 잘할 수 있으니까. 이론을 공부하는 데는 여러 가지가 방법이 있다. 나는 외우지 못하고(정말 외우는 걸 못 한다) 수학 공식을 이해만 하는 쪽이었는데 그래서 문제를 푸는데 아주아주 오래 걸렸다. 곱하기 문제를 몇 번이고 더해서 푸는 식, 나누기 문제를 하나, 하나씩 없애가는 식이었다. 빠르게 진행되는 수업 시간에는 대부분 알아듣지 못해도 천천히 혼자서 문제를 따라가면 반은 풀 수 있었다. 수학 문제를 풀면서 우리나라 교육의 변별력을 얼마나 감탄했는지 모른다. 반 이상은 풀 수 없었으니까. 모르는 걸 바로 질문하지 않고 오래도록 묵혀 고민하고, 불쑥불쑥 엉뚱한 생각이 들 때마다 받아들이고 노력했고, 이론을 이해하면서 수학 시험은 반 정도 맞추는 학생이었다.

단순한 나는 수학도 이론도, 사람도 비슷하다. 이 사람은 이렇다, 저 사람은 저렇다고 공식처럼 외우는 것보다 그 사람을 이해하는 게 좋다. 비록 반 정도밖에 풀지 못할지도 모르지만 어쩔 수 없는 일이다. 세상 사람들의 반 정도만 이해하면서 살 수 있다면 나는 충분하다.

거리의 꽃집을 보면서 삶의 공식을 대하는 태도가 INFP의 내 성향과 기가 막히게 맞아떨어져 헛웃음이 나왔다. 내향적이고 상상하면서 감성적, 즉흥적인 마음으로 꽃을 대한다. 여전히 글은 잘 쓰는 것도, 글쓰기 이론도, 특별한 방법도 없다고 생각하면서 대단한 기법보다는 진심을 다해 쓰고 자주 다듬고, 또 고치면 어느 순간 근사한 글이 되어 있다고. 반복적인 작업은 분명 손끝에 무언가를 남겨준다. 나만 알 수 있는, 타인은 알려줄 수 없는 그런 감이 온다. 이론이 있다는 걸 알아도 돌아가는 성격, 잘 모르겠지만 생기는 확신, 천천히 요동치고 이해받길 바라며 그럴 수 있다는 믿음이 어쩐지 여행 같다. 이론이 궁금하지 않은 이 하찮은 호기심은 어찌할 도리가 없다. 혹시 MBTI가 좀 일찍 유행했다면 수학 점수가 더 좋았을까? 어쩌면 그럴지도 모를 일이다.

낭만 찾는 사람 철없다던데. 이 문장이 틀렸다고 말하기에 이 여행도 웃겼다. 부자도 아니면서 명확한 이유도 모른 채 유럽의 도시를 돌아다니고, 소속감 없이 당장 내년이 보장되어 있지 않았으면서도 어딘지 모르는 거리를 걷는다. 화려하지 않은 포장지에 싸여 담백하게 꽂혀 있는 꽃을 보며 생각에 잠기고 수학 공식을 외우지 않고 이해하려 했던 과거를 떠올려 현재와 잇는다. 도대체 무슨 상관인지 알 수 없는 그런 생각들만 가득, 그리고 가득하게.

낭만보다 쌀값이 더 중요하지 않으냐고. 난 쌀은 잘 먹지 않으니, 커피로 해야겠다고 생각한 후 그것도 어쩐지 어이없어 작게 웃고는 유로 환율이 오를 때마다 자본주의의 매운맛을 느끼며 심장이 졸였다. 건강이 허락하는 한 커피값을 아껴서 그래도 돈이 남으면 꽃을 사자.

한 끼 정도 안 먹는 건 건강에 도움이 될 수도 있으니까. 이 정도로 자본주의적으로 철든 나 자신과 타협하기로 했다.

#

12월 중순 출국이었으니 여행을 시작한 지 한 달이 넘어가는 시기였다. 한 달 넘게 세상에 혼자 던져진 기분, 자발적이니 버려진 건 아니다. 지금까지 모은 코인으로 여행하는 게임의 러너가 된 기분이기도 했다. 현실인데 정말 현실성이 없다. 여행은, 아니 일상은, 여행과 일상이 헷갈리기 시작했다. 지금 뭐 하냐고 물으면 여행 중이라고 해야 하는지, 그냥 점심을 먹고 있다고 해야 할지, 그 말이 그 말인지도 잘 모르겠다. 새로움만 쌓이다 과해지면 익숙함을 꺼내 쉬어가고 잊고 지냈던 기억을 찾아 알아차려지고 받아들여진다. 그러면서 삶을 지지해 주는 건 무언가, 생각하게 되었다.

늦잠을 약간 자고 로댕 박물관으로 가는 길, 지하철에서 노인에게 자리를 양보했다. '당연히'였다. 작은 체구에 무거운 가방도 들고 계셨고 구두도 신고 있었다. 그 노인은 매우 정중하게 양보를 거절하고 앞에 꼿꼿하게 서 계셨다. 괜히 멋쩍어 엉거주춤 의자에 엉덩이 반만은 걸치고 창밖을 보면서 그 자리에 앉아 가다가 목적지에서 내렸다. 내가 내리자, 노인은 자리에 앉으셨다. 아마도 나의 자리를 자신이 뺏었다고 생각하지 않았을까. 새삼 사람 사이의 거리와 배려, 친절함을 다시 생각해 본다.

여행을 가면 그 나라의, 그 도시의 미술관이나 박물관은 꼭 돌아보는 편이다. 뮤지엄 패스로 미술관 투어를 할까 딱 한 번 고민했다. 미술관엔 그 나라의 과거와 미래, 현재와 삶이 글과 그림으로 시각화되어 전시되어 있다. 미술관을 걸으면 그 나라의 그 시대를 걷는 기분, 과거와 미래, 현실에 닿는 기분이 든다. 일상이든, 여행이든 과거에 쉽게 닿아버리는 나는 미술관을 관람하면 생각이 많아져 두세 시간만 돌아봐도 금방 지친다. 한정된 시간의 꼼꼼한 투어, 가성비 따져 최대한 많이 보고 그걸 다 공부할 생각을 하니 어쩐지 체할 것 같은 기분이 들었다. 내향적인 여행자가 긴 여행에서 가장 힘든 건 매일 나가고 매일 소진한다는 거니까. 미술품과 그림을 보면 역사와 삶이 머릿속에 가득 차 두 시간 정도 돌아보면 커피를 마시고 머리를 쉬어줘야 했다. 루브르 박물관 투어를 신청하면서 자연스럽게 오르세 미술관은 포기했다. 또 오지 뭐, 정도 생각하면서.

파리의 마지막 날, 오르세 미술관은 못내 아쉬웠다. 이렇게 아쉽지만 아마 방문했다면 체했을지도 모른다. 미련을 남기고 다시 올 이유를 남겼고 아쉬움을 잊었다. 망각을 인정한 후 오는 새로운 기분을 확인하고자 바깥으로 나갔다. 오르세 미술관 앞에는 입장을 기다리는 사람들이 길게 줄을 서 있었다. 세 시간 정도 기다리면 입장이 가능해 보였다. 그때 진짜 최후의 고민을 하는데 미술관 앞의 작은 커피 트럭이 보였다. 커피를 마시면서 저 줄의 가장 마지막에 서서 세 시간을 기다려 볼까, 고민해 볼 참이었다. 아이스커피 있냐고 물으니, 직원은 얼음 통을 손가락으로 가리켰다. 흐리고 어쩌면 비가 내릴지도 모를 어느 오후, 그런데 비가 쏟아지지 않을 거라는 확신이 드는 하늘, 적당히 촉촉하게 물방울이 흩날리는 파리의 오후에 아이스 카페라테라니. 기분이 황홀해졌다. 이 설렘을 줄을 서면서 놓칠 수 없어 커피를 들고 바로 앞 센강을 산책했다. 오롯이 나를 감각 한, 파리 여행 중 가장 기억에 남는 순간이다. 덕분에 다정한 미련도 생겼다. 다시 오르세 미술관을 방문하고 혹시 그때도 예약하지 않아서(난 또 예약하지 않고 여길 오겠으니, 올지 안 올지는 알 수 없으나 예약하지 않고 올 건 분명하다.) 들어가지 못한다면, 미술관 앞 트럭 카페에서 커피를 사서 센강을 걷겠다고. 계획 실패의 대안까지 마련했다. 아쉬움을 잊기 위한 제법 계획적인 계획이다.

여행의 맛은 이런 거구나.

사람은 잊는다. 여행에서는 더욱 쉽게. 어쩌면 정신을 차리는 건지도 모르겠다. 무거웠던 캐리어를 펼치면서 무거움을 잊고, 어깨에서 가방을 내리면 언제 쓰라렸냐는 듯이 시원함을 느낀다. 호텔의 하얀 침대와 폭신한 베개를 베고 자면 아침이 오고 어젯밤의 묵은 때를 샤워하고 다시 어제 신은 신발을 신고 바깥으로 나간다.

다행히 여행에 체하지 않고 낭만을 가득 안은 채, 밀라노로 떠날 준비를 했다.

#

밀라노로 가기 위해서 다시 오를리 공항을 찾았다. 공항은 두 번째면 아주 많이 익숙한 기분이다. 입국했을 땐 호텔로 가겠다는 마음뿐이라 아주 잠시 스쳐 지나가지만, 다시 돌아온 오를리에서는 많은 장면이 다시 기억났고 제법 친근했다. 이렇게 감성 가득한 오를리 공항을 걸으며 느낀 게 '빨리 가자'와 초조함뿐이었다니, 일주일 전의 내 모습이 너무 프랑스 초보 여행자 같아서 어쩐지 웃음이 났다. 처음의 낯섦과 두 번째의 친근함 사이 중간이 없는 감정, '알고 있다'와 '모르겠다.'의 중간 지점, 다시 가본 공항에서는 마치 파리에서 있었던 기억을 전부 간직할 수 있겠다는 기분이 들었다. 보안검사를 하고 비행기를 기다리기 위해서 게이트로 들어가서 주변을 둘러보았다. 깔끔한 공항에 피아노가 있었고 정장을 입은 프랑스 예술가가 피아노를 치고 있었다. 이런 게 프랑스의 낭만인가. 세계 각국의 여행자들 사이에서 다시 파리에 온다면 오를리 공항으로 와야겠다고 생각을 했다. 지금 같은 편안함을 느낄 것 같은 예감이, 다시 올 수 있을 거란 믿음으로 이어졌다.

공항에 일찍 도착하는 편이다. 최소한 서너 시간 전에는 도착한다. 아직 한 번도 비행기를 놓치거나 잘못 탄 적은 없다. 계획보다는 그때의 기분대로 움직이기에 전날까지 어디를 갈 건지 명확히 대답하지 못하고, 어디를 다녀왔는지도 제대로 설명 못 하는 대충 다니는 나를 불안해하는 사람이 많은데, 나도 다 생각이 있고 준비가 있다. 비행기 잘 타고 잘 내리면 되는 거 아닌가. 그래서 공항 가는 일에 하루를 온통 다 쓰기도 하지만.

오를리 공항에도 일찍 도착했다. 비행기 체크인을 하고 편안한 마음으로 커피를 마시며 노트북을 열었다. 딱히 쓰고 싶은 건 없었는데, 아무것도 간절하지 않은 상태에서 써지는 글을 쓰고 싶었다. 하얀색 한글의 빈 화면을 보면서 문득, 유럽 사람들은 참 신기하다는 생각을 했다. 개인주의가 팽배하고 나 자신과 지금의 감정이 가장 중요하다는 사람들, 특히 파리 사람들은 이혼율도 높고 불륜도 크게 질타 받지 않는다고 한다. 그들은 자신의 감정과 신념에 공을 들이고 타인을 위해서 참지 않는다. 그렇게 개인 생활을 소중히 여기는 사람들이 공항에서는 순순히 겉옷을 벗고 순순히 직원들의 지시를 따른다. 가방 속을 열고 몸 구석구석을 보여주며 내가 위험한 사람이 아니라는 걸 증명한다. 예외 없음에 억울해하지 않는다. 미술관이나 박물관에서도 보안은 철저하다. 삼엄한 분위기 속에서 가방 검사를 하고 안을 모두 보인다. 보안검사를 하는데 벨트를 풀고 신발을 벗은 채 맨발로 걸어가는 사람을 보면 한없이 온순하기만 하다.

유럽의 어느 공항에서 보안검사를 받는 방법을 홍보하는 영상을 본 적 있다. 인상이 험상궂고 체격이 아주 큰 흑인 남자가 검은 정장에 하얀 셔츠를 입고 양팔에 문신을 한 채 보안 바구니에 가방을 어떻게 올려야 하는지, 외투를 벗어서 어떻게 넣어야 하는지 행동으로 보여주고 있었다. 나는 멍하니 범죄자처럼 느껴지는 눈빛과 팔의 문신을 보았다. 우리나라였다면 아주 착하고 바른 이미지의 연예인이 친절한 표정과 밝은 이미지로 공손하게 고개를 숙이고 시종일관 웃으면서 제작되지 않았을까. 모델은 영상 밖에서도 도덕적으로 문제점이 없어야 하며 영상 속과 현실의 이미지가 이어져야 하고. 헷갈리기도 했다. 내가 흑인 남성에 대한 막연한 두려움으로 선입견을 두고 보는 건지, 그렇다면 나의 편견에 대해 다시 생각해 봐야 하는 거니까. 유럽 특유의 자유로움과 개인주의, 많은 인종이 섞여 있어 여기선 외국인이라는 표현이 무색하다. 한국에는 한국인이 사는 게 당연해서, 아직은 너의 엄마, 아빠가 모두 한국인이냐는 걸 굳이 묻지 않고 어디 출신이냐는 질문을 한 번도 해본 적 없다. 친구들이 사랑하는 사람과 남편과 아내는 모두 당연히 한국 사람들이다.

민족과 인종, 그리고 차별. 파리라는 도시를 향한 편견과 선입견, 어쩌면 대한민국에서 태어나 평생 교육받은 나의 가치관으로는 절대 이해하지 못할 그 다름이 아닐까. 프랑스 파리의 낭만도 있지도, 없지도, 같지도, 다르지도 않은 건데, 그걸 혼동한 채 꿈꾸기만 한 건 아닌지. 문득, 파리 사람들은 파리의 낭만이 무어라 생각하는지 궁금해졌다.

그리고 아무튼, 프랑스에서 별일 없이 지냈다는 것만으로도 나 자신이 대견하게 느껴졌다. 살아남았으니까.

#

며칠을 걷고 구경하고를 반복했더니 유난히 피곤한 날이었다. 오후 세 시쯤, 조금 일찍 호텔에 들어가 씻지도 않고 침대에 대자로 누웠다. 하얗고 폭신한 이불에 싸여 문득, 너무 행복하다고 생각을 했다. 몸은 힘들어 죽겠는데, 여전히 파리란 도시는 두렵지만 비워지면서도 꽉 찬 기분, 불안하지만 붕 뜨고 평온하게 꿈꾸는 기분이 느껴졌다. 유럽 여행을 지지해 주는 남편이, 이렇게 누워있을 수 있는 호텔이, 아침에 먹은 샌드위치로 아직 느껴지는 포만감에 감사했다. 핸드폰을 열어 남편에게 진지하게 카톡을 보냈다. 이렇게 여행할 수 있게 해줘서 고맙다고 제법 긴 문장을 보냈는데, 남편은 '차단'이라는 대답을 보낸 후 카드에 남아있는 잔고를 보여줬다. '어? 이거 아냐?' 생각하면서 내일의 나를 살려줄 잔액을 확인한 후 잠이 들었다.

시간이 지난 후, 그때의 일이 생각나 다시 물어봤더니, 너무 부끄러웠다고 한다. 뒤통수 옆으로 보이는 남편의 귀는 빨개져 있었다. 그리고 이루 말할 수 없는 행복함을 다시 느끼면서 앞으로도 이 사람과 함께 살고 싶다고, 나도 이 사람이 어떤 일을 하든지 지지해 주며 살아야겠다고 생각했다.

살고 싶다고 생각하는 것만으로도 미래를 기대할 수 있다. 누군가와 함께 살고 싶고, 어디에서 살고 싶고, 무엇을 먹으며 살고 싶고, 무슨 일을 하면서 살고 싶다는 구체적인 기대가 있으면 앞으로 다가올 일이 희망적이라고 말할 수 있으니까.

파리에서 낭만을 찾을 것 같기도 하고, 또 아닌 것 같기도 하고. 여행 참 얄궂다.

버리기, 하나씩

호텔은 갑자기, 아무도 찾아오지 않는 곳이다. 룸서비스도 나의 주문으로 방의 벨을 눌러 왔다고 표하고, 필요한 서비스는 직접 신청해야 한다. '갑자기 누구지?' 하고 놀랄 틈을 두지 않고 도착 예정 시간을 미리 알려주어 '아, 왔구나.' 하고 안심할 수 있게 해준다. 물론, 그 모든 서비스가 이미 내가 지불한 비용에 포함된 정당한 대가다. 대가를 지불한 호텔에는 일상에서 불쑥 느낄 수 있는 놀람과 무례함이 없다. 어제까지 타인이 사용하였겠지만, 깨끗이 청소된 후 타인의 입장과 어울리지 않는 공간으로 배정해 주며, 그곳에서 여행자는 자발적인 혼자가 되어 씻고 쉬고 마음을 풀 수 있다. 문을 닫으면 이질적인 바깥과 철저하게 단절되고 몇 걸음 되지 않는 동선만큼 나만의 공간이 만들어진다.

밀라노에서는 3박 4일, 짧게 머무를 예정이었다. '밀라노'라는 도시 그 자체, 화려한 도시 이미지에 끌렸는데, 밀라노역은 신화와 세월을 품고 있다 할 만큼 웅장했으나 걱정만큼 북적이지 않았다. 역에서 조금만 벗어나면 분위기가 마치 한국 같아서 친근하게 놀랐다. 유럽의 성당과 박물관, 미술관은 볼 만큼 다 봐서 헷갈리기 시작했고 스테인리스 글라스는 평범하다는 생각마저 들었다. 이탈리아 사람들의 사는 모습과 도시의 분위기를 느끼려 목적지 없이 커피 한잔 들고 체력의 한도만큼 시내를 산책하고 호텔로 돌아왔다.

침대에 누워 핸드폰으로 밀라노에서 가볼 만한 곳을 의미 없이 검색했다. 사실 한국 음식 요리 레시피나 소설 신간 같은 것들이 더 나의 관심사였지만, 그러함에도 밀라노에 대해 검색하는 건 이 여행의 노고가 한국에 돌아가서 허탈하지 않기 위한 약간의 의무감이었다. 불을 끄고 잠을 자려는데 옆방에서 아이 울음소리가 들렸다. 호텔이 오래되어서인가, 그날따라 더 가까이 생경하게 귀에 다가오는 느낌이었다. 아이는 제법 크게, 자주, 잠들기 전까지 울었다. 몸이 피곤하기도 했고 나는 잠잘 땐 둔한 편이라 웬만한 소리에 잘 깨지 않는다.

남편과 연애할 때 제주도 여행을 갔었다. 우리는 경비를 아끼기 위해 호스텔에 머물렀다. 아침에 일어나 나서는데 남편이 밤새도록 에어컨에서 물이 똑똑, 하고 떨어져 제대로 잠을 자지 못했다고 했다. 난 잘 잤고 전혀 몰랐다. 그래서 어떻게 했냐고 물으니, '어쩌긴, 최선을 다해서 잤지.' 하고 말하며 별일 아니라는 듯 웃고는 피곤한 기색 없이 운전석에 앉아 시동을 걸었다. 그때 난, 이런 남자와 결혼해도 되겠다는 확신이 들었다. 아마 남편의 기억 속에서는 이미 사라진 장면인지도 모르겠지만.

그래서 잠자기 전 시끄러운 상황에 좋은 느낌이 있다. 저 아이 운다고 참 힘들겠다, 정도 생각하며 잠들었고, 충분히 피로했고 호텔 침대는 푹신했기에 꿀잠을 잔 후, 상쾌한 기분으로 다음 날 아침 일어났다. 외출 준비를 하고 호텔을 나서는데, 옆방에서 백발의 노인이 한 살 정도로 보이는 아이를 안고 나왔다. 우리는 가볍게 눈인사를 하고 함께 엘리베이터를 탔다. 빨간색 옷에 얼굴의 반을 차지하는 보름달 같은 눈망울, 파란색 눈동자와 금발의 얇은 머리카락, 통통한 손가락이 정말 너무 귀여워서 용기를 내어 아이에게 영어로 말을 걸었다.

"네가 어제 그렇게 울던 꼬마니?"

머쓱해하던 노인은 아직 아이가 말을 하지 못한다, 그래서 영어는 더더욱 모른다고 말했다.

"내가 다 들었어. 그래서 너의 목소리를 알지. 그렇지만 넌 귀여워서 괜찮아."

아이에게 얼굴을 갖다 대면서 나는 귀여운 척 고개를 흔들었다. 0층에 도착한 후 노인과 아이가 먼저 나갈 수 있게 엘리베이터를 잡아주고, 우리는 서로의 좋은 하루를 빌어준 후 각자의 길을 나섰다.

주머니에 손을 찌르고 호텔 정문을 걸어 나오는데 이상하리만큼 기분이 좋았다. 콧노래를 흥얼거리며 문득 어제 아이가 울어서 참 다행이었다는 생각이 들었다. 아이가 울지 않았으면 옆방에 귀여운 아이가 있다는 걸 알지 못했을 것이고, 오늘 아침 우연히 만났더라도 아무런 접점이 없었을 것이다. 그저 귀엽네, 정도 생각하고 쉽게 잊었을 것이다. 서툰 영어로 먼저 말을 건다는 건 용기가 필요한 일이었지만 아이한테는 그리 어렵지 않았다. 어젯밤 울어주었던 아이 덕분에 영어로 말을 걸 용기를 찾아줬다고나 할까.

이런 이상한 상관관계, 기분까지 이어지는 상쾌함. 내 말을 제대로 알아듣지도 못할 그 아이의 눈망울을 떠올리면서 콧노래를 흥얼거렸고 밀라노에서 꼭 가봐야 할 곳, 두오모 성당을 둘러보러 나갔다.

#

유럽 여행을 다짐하고 잘 기억할 수 있는 방법이 무얼까 고민하다가, 각 나라 별로 마그네틱을 사기로 했다. 다른 여행에서도 인상 깊은 문양이나 마음에 드는 마그네틱이 있으면 사 오는 편이다. 마그네틱은 그 나라를 기억하고 떠올리기에 참 좋았다. 하지만 현실은, 일단 마그네틱이 종류가 너무 많다. 많아도, 정말, 너무 많다. 곳곳에는 관광객을 위한 기념품 가게가 즐비하게 있어 어디에서든 쉽게 살 수 있었는데, 그건 그리 좋은 점이 아니었다. 한두 번은 좋았다. 처음엔 방문했던 관광지를 다시 떠올려 보면서 고르는 재미도 쏠쏠했다. 동시에 시간이 많이 지체되는 일이기도 했다. 그중에 가장 예쁘고 마음에 드는 걸 고르는 일은 쉽지 않다 못해 나중엔 곤혹이었다. 그 많은 마그네틱 속에서 가장 예쁜 걸 골라야 한다. 내 마음에 쏘옥 드는 게 어딘가에는 있다. 게다가 방문한 도시별로, 다녀온 관광지별로 모두 구매하니 제법 묵직했다. 미술관과 박물관, 성당, 도시의 특색, 노을 지는 풍경 등 의미를 담은 장소와 장면을 하나씩만 사도 주머니는 축 처져 자꾸 신경이 쓰였다.

오랜 여행을 하는 동안 안녕하게 다니기 위해서는 버려야 했다. 캐리어를 비워야 현지에서 진짜 갖고 싶은 걸 살 수 있었고, 한정된 예산에서 정말 사고 싶은 것, 사야 할 것들을 정해야 했다. 가질 것과 포기할 것을 정하고 우선순위를 결정해야 했다. 캐리어는 아주 정직하게 물건이 들어갈 공간을 내어주었다. 컨디션에 따라 조금 다르지만, 들고 끌고 다닐 수 있는 무게도 한정적이다. 컨디션 역시 내가 감당하고 파악하고 조절해야 할 나의 몫이다. 든든히 먹고 기쁜 생각을 하며 내 컨디션은 스스로 챙겨야 했고, 여행하는 동안 한국에서 유럽으로 공간이 바뀌었고, 월이 바뀌고 해가 바뀌면서 시간이 달라졌다. 날씨가 달라졌고 두 달이란 시간이 흘러 계절이 바뀌었으며 옷차림도 달라져야 했다.

입고 왔던 털이 달린 패딩을 가장 먼저 버렸다. 산 지 10년이 넘은 옷이었다. 사실은 한국에서도 버리고 싶었던, 그런데 버릴 수 없었던 옷이었다. 아마 그 옷에 담긴 추억이 생각나서, 추억 버튼이 되어주어서인지도 모르겠다. 아직도 그 옷을 생각하면 첫눈이 내리던 어느 날, 남편과 함께 눈을 맞던 어떤 장면이 떠오른다. 눈이 하얀색이란 뻔함에 설레며 투명함의 정도를 말했던 대화와, 눈을 맞던 자세까지 모두. 이젠 눈이 오면 춥고 차 막히니 아무 데도 가지 말자는 말에 쿨하게 동의하지만.

옷을 버리지 않는다고 그 추억이 더 소중하게 간직되는 것도 아니고 끌어안고 산다고 더 소중하게 간직하는 것도 아니다. 잘 알면서도, 이미 아무 의미도 없으면서, 의미가 있었더라도 쉽게 잊었으면서 옷을 끌어안고 먼 나라에서 낑낑거렸다. 간직하고 싶은 물건이 아니라 단순히 버리지 못한 물건일지도 모를 일인데. 어쩌면 그 옷이 집의 드레스룸에 계속 있었다면, 다음 계절이 되어도 여전히 쓸모를 상실한 채 자리만 차지하고 있었을 것이다.

하나씩, 하나씩 버리고 놓아갔다. 한꺼번에 정리하고 버리는 건 못한다. 그렇게까진 여행에서도 안 되었다. 버리고 지우고 잊는데도 과거를 되짚어야 했고 속도를 조절해야 했다. 전부 다 버리지 못하더라도 욕심내지 않고 하나씩, 하나씩 하기로 했다. 한 번에 갈아엎는 건, 그래서 처음부터 시작하는 건 여전히 두렵다. 다른 날엔 캐리어를 열어 여행 중 한 번도 입지 않은 옷을 꺼냈다. 예쁘고 싶어서 한국에서 가져온 원피스였다. 길이가 짧기도 했고 날씨가 추워 손이 가지 않았다. 어차피 혼자 다니는데, 예쁘기보다는 따뜻하고 편하도록 옷차림이 바뀌어 갔다. 유럽 여행에서 립스틱은 사치였다. 날이 춥고 건조해서, 립스틱보다는 립밤이 더 필요했고 입술 색깔보다는 말의 의미가 전달되는 게 더 절실했다. 내가 조금 더 예쁘다고, 입술 색깔이 화려하고 또렷하다고 해서 달라지는 건 아무것도 없었다. 화장품 케이스에 들어있던 언제 샀는지 정확히 기억나지 않는, 어쩌면 이미 유통기한이 지났을지도 모를 오래된 립스틱 몇 개도 추려서 버렸다.

한국에서는 가끔 가진 걸로 우쭐하면서 산다. 그 우쭐함이 글을 계속 쓸 수 있는 원동력이 되어주기도 했다. 비싼 물건을 사면서 친절한 서비스에 만족하기도 하고 작가님이라고 불러주는 말에 기쁨을 느낀다. 덕분에 글쓰기가 쉬워졌다고, 마음이 편안해졌다는 말에 잘난 사람이구나, 존재감을 확인하며 안도한다.

유럽의 어느 도시에서든 나는 영어마저 서툰 동양의 여자 사람일 뿐이다. 작가도 아니고 말이 잘 통하지 않아 상태를 짐작할 수 없는 불특정 여행자일 뿐이다. 덕분에 말 못 하는 아이에게 말을 걸면서 용기를 내고 그에 합당한 기쁨을 느끼는 소소한 사람이 되었다. 한국에선 늘 말을 잘한다는 자부심으로 그 자부심을 인정받을 때만 느낄 수 있을 기쁨과 성취감이었는데. 소유의 우쭐함에서 만족감을 찾지 않으니 새로운 형태의 기쁨을 알 수 있었다. 자부심에 대한 기쁨은 그 자부심을 지키기 위한 부담감을 함께 준다.

무의식적인 자부심을 이어가기 위해서 의식적으로 무엇을 하고 있었나. 의식적이라 믿었던 삶의 목표가 진정 나를 위한, 내가 원했던 것들이 맞는지 하나씩 버리면서 내가 몰랐던 것들을 찾아가게 되었다. 무의식적으로 했던 생각과 행동들은 과연 진정으로 원했던 것들이었을까.

즉흥적으로 주머니에 손을 찌르고 추우면 추운 대로, 비가 오면 오는 대로 막 걸어 다니는 게 좋고, 예민하게 사고해서 치열하게 둔하고 싶은 나는, 마그네틱 같은 작은 물건들이 모여 어깨를 짓누를 만큼 무거운 짐이 된다는 걸 한참이나 후에 알아차렸다. 철저하고 계획적인 사람이었다면 마그네틱 무게를 알아내서 몇 개의 도시를 갈지 정하고, 무게를 곱하고 이동할 도시에 더하기, 앞으로 갈 미술관과 박물관 정도를 계산해 보면 짊어지고 다닐 무게를 계산할 수 있었겠지만, 이 정도 고생은 사보는 것도 나쁘지 않았다. 어울리지도 않는 비니만 써도 제법 유러피언 같지 않으냐고 혼자서도 우쭐할 수 있는 여행이니까.

사실 내가 밀라노에 도착해서 가장 놀랐던 건 두오모 성당이 두 개라는 것이었다. 서로 다른 양식과 서로 다른 웅장함으로 두오모 성당은 피렌체에, 그리고 밀라노에도 있다. 세상에.

#

유럽 대부분의 나라에서는 팁 문화가 있다. 고마우면 팁을 내라. 돈으로 표현하라. 땡큐는 거들 뿐. 고마운 마음을 돈으로 표현할 수 있도록 법으로 정해놓았다. 그래서 '고마워, 미안해'란 마음과 말을 대신할 규칙이 있다. 장애인 우선은 배려가 아니라 당연함과 동시에 규범이고, 서비스에는 팁을 요구한다. '미안해, 고마워'만으로 표현할 수 있는 일은 길을 비켜주었을 때 같은 작은 양보 정도이다. '쏘리'는 길을 막아섰을 때, 알아차리지 못했을 때 쓰고 '땡큐'는 결제할 때 가장 많이 들었던 것 같다. 너의 카드가 말썽 없이 승인됐습니다. 그러니 땡큐. 굳이 말로 표현하지 않아도 되도록, 진심 없이 가볍게 '고마워'와 '미안해'를 말할 수 있도록 규칙을 정해놓고 지킨다. '고마워, 미안해'란 말이 좋은 인사임은 분명하지만 계속되고 반복되면 부채감이 쌓이니까.

한국으로 돌아온 후 물건을 살 때 말하는 '고맙습니다.'의 출처가 모호해졌다. 구매는 물물교환인데 고마움과 말도 서로 교환하는 건가. 인터넷 쇼핑이 대중화되면서 그 많은 고마움 교환은 또 어디로 갔나.

한국인 정서를 그대로 보존하고 여행하던 난, 갑자기 혹시 진통제가 있냐고 묻는 처음 보는 외국인에게도 쏘리 벗, 코인을 내놓으라는 짓궂은 장난에도 쏘리 벗. 뭐가 그리 미안할까. 심지어 그 당시엔 진심으로 진통제가 없어서, 나를 무시하며 뺏으려는 그에게 코인을 줄 수 없어서 고개를 숙이면서 '아임 쏘리' 하고 말했다.

돌이켜 보면 고마운 마음과 미안한 마음을 돈으로 표현하는 데 참 인색한 사람이었다. 사회 초년생 시절, '현주 씨가 타 주는 커피는 비싼 커피'라고 말하며 화통하게 웃는 사장님께, 돈 받고는 커피를 타지 않는다며 싸늘하게 돌아섰고 미안해서 주는 선물도 싫었다. 돈과 마음을 퉁 치려는 시도 같아서 용납할 수 없었다. 마음은 세상 그 무엇보다 고귀한 존재이며 그 누구도 부정해선 안 되는 권리라 믿었다. 시간이 지났고 세상은 변했고 나도 달라졌다. 흘러가고 부러지고 부서지고 부딪쳐 말랑해지고 얄팍해졌다. 바리스타가 되어보고자 커피를 만드는 법을 배우고 돈을 받고 커피를 파는 일도 했다. 언젠가 우아한 카페 사장이 되겠다는 꿈을 꾸며 혹시 돈을 많이 벌어 부자가 될지도 모른다는 상상을 하면서. 좋은 곳에 데려가고 비싼 선물을 주면 그 마음이 더 크다고 생각하기도 했다. 나에게 시간을 많이 내어주는 사람에겐 더욱 그랬다. 시간이 곧 돈이고 여유니까. 나에게 돈과 여유를 내어주는 사람을 미워하면 안 되니까.

닳고 닳은 이제는 미안하다는 사과에 밥을 사라고도, 혹은 립스틱을 사달라고 한다. 이왕이면 신상으로. 나이가 든다는 건 자존심을 무엇과 바꾸어 가는 과정이다. 자존심과 바꿀 수 있는 것들이 많아지면 더 다양한 사람들과 만날 수 있지 않을까. 결국 삶은 표현 수단의 연속이니까. 세상엔 맛있는 게 너무 많고 사랑하는 사람이 생기면 함께하고 싶은 일이 많아진다. 돈을 아끼는 모습은 마치 사랑이 부족해서라고 착각하기 너무 좋은 세상이다. 결혼 앞에서 돈 문제는 더 강력하다. 집, 차, 가전제품과 가구는 돈의 크기에 따라 최신형의 편리함, 삶의 윤택함을 보장해 준다. 여행도 그렇다. 돈과 여행은 떼어놓을 수 없는 고민이다. 어쨌든 여행은 비행기표 값이 있어야 하고 현지에서의 생활할 여행비용이 필요하다. 매일 호텔에서 잠을 자고 밥을 사 먹고 이동해야 하며 마치 의무인 듯 소비해야 한다. 소비하는 만큼 여행은 편해진다.

결혼과 관련된 커리큘럼을 진행한 적이 있다. 결혼을 고민하는 3040들이 모여 결혼과 미래에 대한 고민을 나누던 중, 돈 많은 사람과 결혼해야 하냐는 질문을 받고 많이 곤란했다. 사람은 변하고 가난하면 사랑도 변하던데, 그럼, 진짜 돈만 보고 결혼을 결정해야 하는지. 질문하는 사람도 제법 진지했다. 이젠 철학적 이론처럼 사랑이 더 중요하다, 사람이 더 중요하다, 당연히 사랑하는 사람과 오래오래 행복하게 살아야죠, 하는 적당한 말로 때워지지도 않는다. 그래봤자 믿지도 않을 테고. 돈이 많으면 삶이 쉽게 흘러가는 건 사실이다. 여행도, 사랑도, 사람도 다 쉽게 느껴질 수 있다. 돈 생각하지 않고 여행하면 걱정이 줄어들고 편안하게 세상을 돌아다닐 수 있다. 사랑은 사랑할 시간이 있어야 하고, 여유가 있어야 시간을 내기 쉽고, 시간이 있어야 사랑에 집중할 수 있다. 환경이 만드는 사람의 모습도 있으니 돈이 있는 사람은 더 여유 있고 매력 있어 보일 것이다.

그래서일까. 우린 너무 쉽게 하길 바라면서 살고 있다. 현대인들이 짧은 영상을 많이 보는 건 쉽게 즐거워질 수 있는 도파민을 자극하기 때문이라 한다. 관찰 예능(사람의 삶의 모습을 보는 관찰 예능이라는 게 있어도 되는지 잘 모르겠다)이 유행하는 건 너무 쉽게 타인의 사생활을 알려 하고, 비연예인의 연애 프로그램 또한 쉽게 사랑하고 쉽게 빠져나오기 위한, 진짜 사랑에 빠지고 벗어나기에 감당해야 할 것들이 너무 많으니 대리만족, 쉽게 대리로 만족하기 위함이다. 쉽게만 살고 싶으면 돈을 목적으로 살면 된다. 사람 따위, 마음 따위 다 무시하고 목적이 하나라면 삶은 비교적 간단해진다. 한국에서 부다페스트로 올 때 중화항공보다 약 두 배의 비행기표 값을 치르고 온 것처럼, 돈을 더 지불하면 더 쉽고 안전하게 올 수 있다. 쉬운 방법을 선택하는 건 여행에서도 삶에서도 필요한 일이다.

그렇지만 분명한 건, 결단코 전부는 아님을. 쉽게만 이어진 여행이라면, 간단한 삶이라면 그 간단하고 쉬운 과정에서 우리는 굳이 아침에 눈을 뜨고 정신을 깨워야 할까. 쉬운 건 지금 당장 만족감을 주지만 우린 당장만을 살지 않으며 쉬운 것들은 별걸 남기지 않고 흩어진다. 우리에게 필요한 마음의 근육, 내면의 힘은 스스로 선택한 결과를 책임질 때, 약간은 힘들게 돌아갈 때 비로소 제대로 자리 잡힐 수 있다.

유럽에서는 명품을 저렴하게 구할 수 있다. 원래의 가격에서 일, 이백만 원 정도 할인하는 아웃렛이 많다. 그런데 막상 유럽의 거리를 걸으면 명품 가방을 들고 다니는 사람이 거의 없다. 인기 있다는 아웃렛에는 대부분 외국인들이 쇼핑하고 있고. 나 역시 자본주의를 살아가는 사람으로, 유럽 여행이 명품을 저렴하게 구입할 기회라는데 하나쯤 사볼까 알아보았다. 그리곤 이내 나의 경제 사정이 할인된 가격의 명품 가방을 저렴하다고 생각할 만큼은 아니라는 걸 깨닫고 단념했다. 저렴하게 사도 몇백만 원짜리 가방은 과분한 지출이며 저렴하다는 표현이 와닿지 않았다. 그러함에도 만족한다면 구입해야 하겠지만 할인, 저렴, 꼭 사야 할 명품 같은 단어들이 마치 해빙(도서, 수오서재)에서 빨간 불이 들어오는 것처럼 느껴졌다. 무엇보다 지금의 여행에 들어가는 전체적인 경비를 고려했을 때 더 많은 비용을 치르는 건 나의 주제에 맞지 않는 선택이었다.

여행을 마치고 돌아와 보니 유럽 여행을 다녀왔다는 기억 말고는 남은 게 없다. 일은 다시 시작해야 하고 버스를 타고 찾아갔던 전쟁 전시관, 근처의 작은 교회, 오전 10시의 노을이 생경하고도 근사해 걸었던 길, 정류장 이름을 다시 찾아보고 싶었는데, 도통 검색할 수 있는 키워드가 생각나지 않았다. 관광지나 맛집은 찾아다니지 않았고 계획서나 기록물도 없다. 기분 좋게 걸었던 공원과 산책길은 어딘지, 어떻게 하면 다시 갈 수 있는지 정확히 알 수도 없다.

하, 명품이라도 사 왔어야 했나.

#

호텔 체크인을 할 때, 호텔리어들은 '너의 예약은 퍼펙트, 베리 굿'이라고 자주 말한다. 공항에서 찾아오느라 피곤해 가만히 서 있는 나를 보면서 아주 잘했다고 칭찬을 했다. 처음엔 그런 칭찬이 어색하고 적용되지 않았다. 이제 말을 배우기 시작하는 아이에게 입을 옴싹거리기만 해도 잘했다고 칭찬하는 것처럼, 이미 이렇게 큰 덩치로 받을 칭찬은 아니지 않느냐고. 아마도 그 칭찬의 대상은 내가 아니며 정확하게 예약된 시스템일 것이다. 그의 시선은 프런트 모니터에 향해 있고, 나에게는 롸잇? 정도의 짧은 문의와 눈짓으로 확인했다. 예약했으니 예약된 게 당연한데 무슨 호들갑인가 싶다가도, 새삼 내가 생각하는 완벽함과 아주 좋은 건 뭘까. 혹시 그 이상인가.

글을 쓰며 사는 삶은 완벽함을 포기하는 삶이다. 글은, 그러니까 책은 완벽한 완성본으로 출간되는 건 아니다(다른 작가님들은 잘 모르겠지만 최소한 나는 그렇다). 사설을 쓸 때도 원고를 보낼 때만 해도 없었던 오탈자가 막상 신문에 실리면 보인다. 최선을 다해서 퇴고하고, 퇴고하고 또 퇴고하고 또 퇴고할 뿐이다. 이 정도면 되었다는 마음이 스멀스멀 올라오면 마감 기간에 맞춰서 편집자님에게 뒷일을 부탁하면서 메일을 보낸다. 내가 직접 쓴 글이고 정말 애정을 담뿍 담아 외울 정도로 읽고 또 읽지만 불안함은 항상 남는다. 소설을 퇴고하면서 했던 고민도 너무 우습다. 주인공이 따뜻한 음료를 마시다 갑자기 얼음을 와그작 씹는 건 아닌지, 원피스를 입고 나왔는데 갑자기 반바지로 바뀌진 않았는지, 보라색 불빛이 갑자기 주황색 불빛으로 표현되어 있진 않은지 같은 고민들.

완벽하다는 단어는 사람에게는 적용되지 않는 단어인 듯하다. 정말 완벽해지려 하지만 않으면, 꿈은 꿈대로, 삶은 삶대로 남겨놓을 수 있다면 완벽함도 삶의 좋은 다짐이자 계획, 꿈이 될 수 있겠지.

밀라노에서 묵었던 호텔이 고풍스럽고 멋져 체크아웃을 한 후, 호텔리어에게 사진을 찍어달라고 부탁했다. 머리가 희끗하셨고 안경을 코에 걸친 채 팔을 쭉 내밀고 최선을 다해 찍어주셨다. 그런데 사진이 좀 그랬다.

"퍼펙트 베리 굿, 땡큐, 쏘리 벗 원 몰 프리즈."

고마워, 미안해, 잘했어, 완벽함을 고민하다가 이렇게 말하고 있는 내가 너무 웃겼다.

소매를 쳤는데, 못 쳤는데요?

피렌체 근처의 피사에 다녀오기로 했다. 하늘은 높았고 파랬고 잔 디는 푸릇푸릇했다. 피사의 사탑 주변엔 경찰들이 있어서 혼자서도 마음 편히 사진을 찍고 놀 수 있었다. 한참을 놀다가 다시 피렌체로 가 기 위해서 기차역으로 돌아오는데, 어떤 소녀가 산타마리아 역으로 가 냐고 물었다. 소녀의 말을 들으려 발걸음을 멈추고 눈을 맞추었다가 괜히 찜찜해서 대답하지 않고 돌아섰다. 역 아무 데나 앉아서 핸드폰 사진을 보다가 기차가 와서 기차에 한 발을 넣었는데, 언제부터 가까 이 있었는지 아까 그 소녀가 다가와 계속 어디로 가냐고 물었다. 조금 이상하다고 생각하는 찰나 고개를 숙여 보니 내 가방 위에 어떤 노인 의 스카프가 올려져 있었고 그 아래로 가방이 열리고 있었다.

순간적으로 노인의 손을 잡고 눈을 바라보았다. 용기도 요령도, 알아두었던 대처법도 아니었다. 본능적으로 나 자신을 지키는 방법이자 내면의 힘이 아니었을까. 소녀는 그때부터 말을 더듬으면서 알아들을 수 없는 말을 하면서 나와 노인의 눈치를 번갈아 가면서 보았다. 기차에 타 있던 사람들이 일제히 우리를 쳐다보았다. 어색한 웃음을 짓던 노인의 손은 크로스 가방에서 서서히 물러났고, 나는 기차에 들어와 자리에 앉았고 둘은 기차를 타지 않았다.

크게 한숨을 쉬고 놀란 가슴을 추스른 후 혹시 없어진 게 없나 확인해 보았는데, 다행히 카드와 얼마 가지고 있지 않았던 현금도 그대로 있었고 핸드폰은 내 손에 따로 들려 있었다. 생각보다 기분이 상하지 않았다. 그들은 나에게서 아무것도 가져가지 못했다. 내 기분까지도.

유럽 여행을 준비하면서 소매치기나 인종차별을 염려하는 글을 많이 봤다. 걱정도 되었다. 막연하게 두려워할 때는 겁이 났다. 걱정은 더 걱정하게 했고, 불안은 또 불안하게 했었다. 하지만 막상 겪어보니 그 안에서도 할 수 있는 일이 있었다. 어쩌면 나는, 내가 생각하는 만큼 겁쟁이가 아니고 회피형이 아닐지도 모르겠다. 다만, 그 후로 말을 걸거나 스치는 사람을 모두 경계했다. 가볍게 매고 다니려고 현지에서 샀던 백팩을 포기하고 작은 크로스백에 카드만 넣고 수시로 확인해야 했다. 지도를 보이며 여기 어떻게 가냐고 묻는 여행자에게 친절하게 다가갈 수 없었다. 친절함보다 나를 지켜야 했다. 세상의 많은 소매치기들은 여행자의 친절함을 훔치고 있는 건 아닐까.

소매치기는 나를 놀라게 했지만, 나에게 대담한 모습이 있다는 기억도 남겨주었다. 언제나 맞닥뜨리면 너덜너덜해질 모습만 떠올라 피하는 게 상책이라 믿었는데, 나도 모르게 나 자신은 스스로 지켜야 한다고 생각하고 있었나 보다. 피사에서 피렌체로 돌아오는 기차에서 어쩌면 내 가방에 손대는 그 손을 잡은 것처럼, 눈을 질끈 감았지만, 주먹을 쥐고 버티고 서 있어야 했을 순간이, 도전하여 근사하게 이기진 못했지만 성실하게 버텨내서 나의 일상을 지지해 주던 순간들이 분명, 있었을 것이다.

잘 모르는 사람의 인격, 컨디션, 개인적 사정이 내 여행을, 내 하루를, 나를 망치지 않길.

#

피렌체역은 어쩐지 시골스럽고 촌스러워 오래된 향기가 난다. 아주 오랫동안 하늘과 참 어울렸을 듯한 역은 특유의 친근감을 고스란히 간직하고 있었다. 이탈리아에서는 글도 설렁설렁 쓰고 대충 먹으면서 좀 쉬고 싶었다. 쉬고 싶었는지 걷고 싶었는지는 정확히 모르겠다. 여행 중에도 몸과 마음의 쉼, 회복할 시간도 필요했다. 그렇다고 호텔에 무작정 가만히 있을 수만은 없었지만.

적당히 걸어야겠다고 생각하고 호텔 근처를 구경하러 나왔다. 새로운 맛이 나는 특별한 커피 말고, 익숙한 맛이 나는 아이스 카페라테가 마시고 싶었다. 호텔을 나오면서 가장 가까운 스타벅스를 검색해 커피를 사 들고는 아무 곳으로 걸었다. 사람이 많다 싶으면 사람이 없는 곳을 찾아 걸었고, 사람이 너무 없다 싶으면 사람이 모여 있는 곳으로 발길을 돌렸다. 천천히 거리를 걸으니 잊고 있었던 기억이 났다. 사랑도, 소설도 잘 몰랐던 그 시절. 사랑이 무언지 몰랐지만《냉정과 열정 사이》에 빠져 사랑을 글로 읽을 수 있다는 걸 깨달았다. 밀라노와 피렌체는 소설 냉정과 열정 사이의 배경이 된 도시다.

나는 가끔 생각나는 도시라서 피렌체가 참 좋은데, 아마 피렌체가 그냥 피렌체라서, 냉정과 열정 사이가 떠오르는 도시여서일 것이다. 이십 년 전 읽은 소설이 이십 년 후 여행의 이유라니. 그땐 그림 복원이 뭘 하는 직업인지, 두오모 성당의 역사는 뭔지 아무것도 모르고 그저 준세이와 아오이가 사랑을 이루지 못해 슬펐고 주황색 책 표지가 좋았다. 뭐든 신기하게 바라보고 호기심 때문에 잠 못 이루는 밤이 많았다. 이젠 조금 알 것 같다고 말하는 일찍 자고 늦게 일어나고 싶은 헌 어른이 되어버렸지만. 피렌체의 거리를 걸으며 다리는 아팠고 다 녹은 커피를 들고 다니기 귀찮아졌으며, 저 멀리 흐린 하늘을 바라보면 자꾸 내가 어른이라는, 혼자서 스스로 해내야 하는 사람이라는 생각이 들었다.

베키오 다리를 두 번째 산책하다가 이상하게 익숙해서 깨달았다.

이전 유럽 패키지 투어로 와봤던 곳이었다. 젊을 때 좋은 곳 많이 다니라는데, 글쎄. 몸은 건강하고 체력은 좋겠지만 세상을 보는 눈도 좁고 아는 게 없어서 보고 제대로 기억하고 있는 게 별로 없다. 소설 쓰는 사람이 되어 이렇게 돌아올 줄이야, 이것도 몰랐다. 사람은 아는 만큼 즐기고, 즐기지 못하면 쉽게 소멸되고 만다.

여행도 스스로 시도하고 직접 해야 재밌다. 공부처럼.

공부는 안 했으니, 여행이라도…

책을 훔쳐 가도 되는 서점

베네치아 중심인 산타루치아가 아니라 메스테레 역 근처에 호텔
을 잡고 2박 3일을 보낼 예정이었다. 유럽에 오랫동안 머물면서 2박 3
일은 여행이 아니었다. 호텔을 찾아가고 하루는 도시를 둘러보고 잠
든 후 또다시 짐을 싸서 떠나는 일정. 2박 3일 여행은 꽉 찬 하루 일정
에 불과했다. 화장품과 세면도구, 갈아입을 옷을 꺼내는 것 외에는 짐
을 푼다는 표현도 애매하다. 가방 구석 어딘가에 쑤셔 넣어 두었던 폼
클렌징을 꺼내며 애써 정돈해서 싸두었던 짐이 헝클어지는 게 애석할
뿐. 특히 나 같은 겁쟁이는 아무리 도시를 옮겨 다니고 호텔을 예약해
도, 호텔을 찾아갈 때는 설렘 같은 두려움이 함께 몰려온다.

아침에 간단히 커피를 마시고 메스테레 역에서 약 십 분 정도 기차
를 타고 베네치아로 갔다. 분명 기차라고 했는데 타자마자 기차가 아

닌 것 같다. 너무 많은 사람들이 서 있었고 어수선했고 사람들은 마치 흥분한 것처럼 시끄러웠다. 기차에 발을 넣는 순간 지하철 같다고 생각했다가 한국의 지하철 모습을 떠올려 보았다. 새삼 지하철과 기차는 뭐가 다르냐, 겉모양이 다르냐, 나는 기차와 지하철을 구분할 수 있나, 엉뚱한 생각에 골똘히 빠지며 창밖을 바라보니 투명한 윤슬이 끝없이 반짝이고 있었다. 질서 없이 나부끼는 물방울을 감상하며 베네치아 동화 속으로 빨려 들어갔다. 기차에 탄 아이들은 스파이더맨 옷을 입고 엘사 드레스를 입고 재잘거리고 있었다. 십 분 동안 내린 결론은 '나는 기차와 지하철도 구분할 줄 모른다.'라는 것이었다. 메스테레역에서 산타루치아로 가는 길의 바깥 풍경을 바라보며 내가 생각보다 똑똑하지 않구나, 깨달으면서 괜히 헛웃음이 났다.

햇볕을 받으며 지하철 같은 기차에서 내려 개찰구에서 나오는 순간 진귀한 장면이 펼쳐졌다. 눈앞에는 가면과 파티용 소품을 파는 가판대가 즐비했고, 다양한 연령대의 사람들이 가면을 고르고 사고 있었다. '아, 유럽 사람들은 이렇게 노는구나.'를 바로 실감할 수 있었다. 생소하고 낯선데 사람들이 많이 모인 곳에 가면 남녀의 비율이 비슷한지와 아이와 노인이 모두 있나 확인해 본다. 아이의 울음소리가 들리면 지금 여기서 가장 어린 사람의 목소리를 듣고 있구나, 생각하고는 그런 곳에선 작정하고 즐기고 배운다. 그런 곳은 있는 그대로 받아들여도 괜찮더라고.

베네치아도 두 번째다. 기억 속의 베네치아는 TV나 블로그에서 쉽게 볼 수 있는 곤돌라와 건물 사이사이에 흐르는 바다, 평화롭고 여유로워 보이는 길, 실외 테이블이 즐비한 모습이었다. 어쩌면 실제와 언젠가 봤을 영상의 장면이 섞인 채로 기억하고 있는지도 모른다. 오랜 시간 동안 나도 모르게 기억을 다듬어 박제한 채 기억하는 지도. 어쩌면 그건 진짜 기억이 아닐지도 모르고.

처음의 베네치아는 주로 낮에 둘러봐서 이번엔 야경 투어를 신청했다. 밤과 낮만 바뀌어도 도시는 참 다르게 느껴진다. 약 스무 명 정도의 사람들이 가이드의 설명을 들으며 밤을 산책하고 관련된 역사 이야기를 들었다. 베네치아는 전쟁의 도망자들이 정착해서 만든 물의 도시라 한다. 수천 년에 걸쳐 바다를 간척하고 건물을 세웠고 도시를 사랑하는 사람들의 애정 어린 역사를 담고 있다고. 가이드는 베네치아의 건물을, 그 건물의 역사를 사랑한다고 했다. 한참 앞서가며 역사를 읊던 가이드는 책을 훔쳐 가도 되는 서점을 만드는 것이 꿈이라고 말했다. 나와 꿈이 비슷하기도 하고 생경해 그를 한 걸음 사이로 뒤쫓으며 왜 책이냐고 물었다. 그랬더니 쓰여야 전해지고, 전해져야 나아간다고. 물론 이렇게 간결하게 말고 관광지 안내하듯이 길고 가볍게 말했다.

언젠가 내 이름을 걸고 작은 독립서점을 운영하고 싶다. 나의 이름을 내세워 무언가를 하는 일은 흔해서 미웠던 내 이름을 사랑하는 방법이기도 하다. 쓴 글을 직접 출간하면서 출판과 인문학 커리큘럼, 커피를 겸하는 작은 책방을 운영하는 작가가 되고 싶다. 그 누구에게도 걸러지지 않은 나의 이야기를 세상에 전하는 사람으로 조용하고 찬찬하게, 건강하게 나이들 수 있는 방법이지 않을까. 물론 편집자의 손을 거치지 않아도 될 만큼 글을 써내야 하고 전하는 메시지를 책임질 수 있어야겠지. 표지를 직접 만들고 제목을 정하고 결이 비슷한 사람과 생각을 나누면서 사는 게 내가 믿는 최고의 노후 준비다. 아이러니하게도 이렇게 살기 위해서는 돈을 많이 벌어 두어야 하지만. 고민이 많은 친구들이 글을 쓰며 마음이 편해질 수 있길, 오해가 있는 사람들끼리 편지를 주고받으며 마음을 풀 수 있길, 짧은 카톡보다 어렸을 때의 교환 일기 같은 글을 쓰는 사람이 많아졌으면 하는 소망, 최소한 글쓰기에서 본질은 바뀌지 않았으면 하는, 누군가는 우직하게 그 본질을 지켰으면 하는, 그 본질을 지키고 알아봐 주는 사람이 많아졌으면 한다.

먼 훗날, 글을 쓰고 싶어 하는 친구들에게 공간을 만들어 주고 싶은 꿈을 이루었을 때, 혹시 책을 훔치는 사람이 있으면 이유를 물어보고 타당할 땐 그냥 보내줘야 했었다. 이유가 타당하지 않으면 글(그 글은 반성문이 되겠지만) 쓰러 다시 방문하게 해서 후회하도록 도와주겠다고. 여행은 비슷한 꿈을 꾸는 사람을 이렇게도 만나게 해주었다.

마흔 살 정도 되면 꿈을 꾸고 이루는 것보다 지금의 현실을 직시하고 꿈의 의미를 스스로 정의하는 게 더 현명하다. 나이가 무슨 상관있나, 늦은 도전이 세상에 어디 있나 하는 말을 믿을 만큼 순진하지도 순수하지도 못하다. 열정을 담아 노력을 퍼붓는 것보다 꿈도 곧 현실이라 믿으며, 혹은 적당히는 이루었다는 자위가 정신 건강에 좋다. 열정을 쏟는 일이 어쩐지 이벤트 같다. 모두 돌아간 공간에서 헛헛함을 느끼며 먹었던 음식 쓰레기를 치우고 청소해야 하는 파티보다 차라리 아무 이벤트 없는 일상에서 더 편안함을 느끼는지도 모르겠다. 사십 년 정도 살아 보니 삶은 아무것도 안 해도 이어주는 것들로 어떻게든 연명 된다. 그게 오히려 행복인지도 모른다. 뭐, 특별히 노력 안 해도 괜찮을 나이라는 좋은 핑계도 있고.

아무것도 하고 싶지 않을 때가 있다. 아니 많다. 침대에 가만히 누워서 정신이 약간 흐리멍덩한 상태. 몸은 따뜻하고 움직이지 않으며 흘러가는 생각과 하고 싶은 말들을 문장으로 만드는 상태, 그 문장들만 왔다 갔다 하는 상태. 약간 잠이 든 듯 들지 않은, 꿈인 듯 꿈이 아닌 렘수면 상태. 그때 떠오르는 문구들을 정리해서 메모하고 글을 쓴다. 정말 좋은 문장이 생각났다가 까먹기를 반복하고 기억하려 애먹고. 누군가 나를 본다면 아무것도 하지 않는다 할 테지만, 그래서 사람들에게 게으른 사람이라 말하고 다니지만. 내가 생각하는 나보다 사람들에게 보이는 나로 말하는 게 타인을 설득시키기에는 훨씬 수월하다.

내 삶을 돌아보면 계획적이지 못한, 즉흥적인 선택과 감정이 만들어 놓은 결과물들로 이루어져 있다. 학창 시절 학원에서 수업을 듣는데 두꺼운 문제집의 진도가 다 나가는 게 너무 신기했다. 언제 다 배우나 싶었던 문제집도 한 학기를 마무리할 때쯤 되면, 진도가 다 나가고 본문에는 빼곡히 필기가 되어 있다. 선생님은 수업 분량을 일수로 나누어 계산하고 수업계획을 세웠을 것이다. 계획하에 우리의 수업은 진행되었기에 수업을 제대로 마치지 못한 경우는 거의 없었을 것이다. 어쩌면 나의 수많은 과거는 타인의 계획하에 대부분의 일은 잘 마쳐지고 안전하게 지나갔을지도 모를 일이다. 타인의 삶에 한 부분이 되어 움직이는 일도 그리 나쁘지만은 않다.

삶을 꿈 없이, 목적이나 계획 없이 산다는 건 계획하는 시간을 아낄 수 있는 일이다. 계획의 빈자리에 상상력과 기대감을 채우는 일이다. 계획하지 않는 자는 실패의 경험이 적다. 실패가 적으니 일어날 힘이 요구되는 좌절도 적다. 꼼꼼한 계획이 수행되지 않았을 때 놓치는 기회비용을 모르고 살아 보니 어차피 아는 만큼만 보이니까 모르는 건 아쉬워하지 않으며, 모르는 것이 삶의 요령이 되기도 한다.

늘 즉흥적인 나는 꼼꼼하고 세심하게 움직이지 못하는 만큼 아는 만큼은 꼭 본다. 철저한 계획 대신 글쓰기로 나 자신을 돌아보고 의지를 다지면서. 타인과 나를 잘 비교하지 않고 계획이 실행되지 않아서 속상한 적도 별로 없다. 계획할 시간을 아껴서 나는 무엇을 했나. 심지어 고3 때도 어떻게든 되겠지, 수능을 치고 나서도 어떻게든 되겠지. 잘 웃고 잘 우는 성격, 미친 듯이 나를 괴롭혔던 예민함, 타인이 삶의 계획을 세우는 동안 나는 감정을 쏟은 것 같다. 특별한 의미와 목적을 찾기보다 할 수 있는 걸 했다. 울고 웃는 일, 나를 행복하게 혹은 불행하게 했던 일과 사람들, 그 사이에서 휘청거렸던 시간을 탓하지도, 포기하지 않고 견뎠다. 유일하게 계획적으로 살았던 시간은 회사 생활을 할 때였다. 그땐 계획적으로 살아야 안도감을 느끼는지 알았는데, 지금 생각해 보면 나의 예민함을 자각하지 못한 채 어디든 뛰어드는 즉흥적인 완벽주의였다. 어쨌든 완벽하게 해내야 직성이 풀렸기에 맞지도 않는 계획을 세웠고 그 틀에 맞춰서 움직여야 했다. 계획이 어긋날 때마다 감정적으로 받는 자극도 버거웠는데, 그럼, 그때의 나는 도대체 얼마나 힘들었다는 말인가.

이제 나는 삶을 보듬고 꿈을 꾼다. 목표 같은 건 없지만, 목표가 없어야 나를 조이지 않는다는 걸 알고 방향을 잡아 흐름을 타고 그 과정을 밟아간다. 삶을 사랑하고 여행을 가고, 삶을 끌어안고 하고 싶은 것들을 찾고 헤맨다. 나이를 무시할 수 있는 현실에서 도피하는 꿈은 없다. 평생 글을 쓰자는 다짐은 여전히 소심한 성격과 그래도 죽을 때까지 좋아하는 일을 하고 싶다는 타협점으로 그 꿈을 지지해 주고 있을 뿐. 현실을 안도하기 위해 꾸는 꿈, 꿈은 단순히 하고 싶은 일과 헷갈릴 만큼 작고 소소하지만 얇고 길게 가능한 매일매일, 또 성실하게 글을 쓰고 싶다.

나란한 기억들

영국 사람들의 눈동자는 유난히도 파란색이었다.

나는 사람들의 눈동자 보는 걸 좋아한다. 그 눈동자를 덮는 눈꺼풀과 속눈썹도 좋다. 가끔 카페에 멍하니 앉아 거리의 사람들을 구경할 때면 아주 많이 애를 써서 사람의 눈동자를 바라본다. 우연히 비행기 옆자리에 앉은 사람의 눈동자를 힐끔 보고 있노라면 어쩐지 안심이 된다. 속눈썹을 늘어뜨린 채 잠을 자고 있으면 지금의 내가 적어도 혼자가 아니라고, 그러니까 한 공간에 비슷한 자세로 있는 우리는 모두 같은 사람이라는 생각이 들기도 한다. 런던에서 영국 사람들의 긴 눈매와 푸른 눈동자를 바라보고 있노라면 호수가 생각나기도 했고 깊은 바다가 생각나기도 했다. 검은색의 작은 눈동자를 가진 나는 그 눈이 신비롭고도 청초했고 아름다웠다.

아주 오래전 TV에서 고민을 상담해 주는 프로그램을 본 적이 있다. 아이의 눈동자 색깔이 파란색인데, 색안경 끼고 보는 사람들이 많다는 고민이었다. 눈동자가 파란 이유는 멜라닌 색소가 포함되어 있기 때문이라고 한다. 아이의 눈동자는 그 누구에게도 나쁜 짓을 하지 않을 텐데. 그저 보일 뿐인데. 아이는 밝고 건강하게 자라고 있지만 말을 알아들을수록, 타인의 시선에 신경을 쓰게 되어 움츠러들지 않을까 하고 아이 엄마는 고민하고 있었다. 프로그램은 아이의 눈동자가 아름답고 특별하다며 용기를 주고 끝이 났다. 사실 너무 오래된 프로그램이라 정확하게 기억이 나지 않을뿐더러 그 아이는 훌쩍 커서 어른이 되었을 텐데, 파란색 눈동자를 가진 사람들이 가득한 거리를 걸으며, 일면식도 없는 파란 눈동자의 한국 아이를 괜히 염려해 보았다.

유럽의 곳곳을 여행하다 보면 정말 다양한 눈동자 색깔, 피부 색깔, 키와 체격을 본다. 어디를 가도 한국 사람들로 가득 차 있는 우리나라와는 대조적이다. 화장품 가게에 가면 백색부터 흑색까지, 스무 가지도 넘는 파운데이션이 전시되어 있고, 그 화장품을 고르고 있는 인종도 천차만별이다. 백인, 흑인, 황인으로 구분되지 않는 사람들이 더 많다. 그들은 자신의 피부색에 맞게 취향껏 선택할 수 있다. 그렇게 다양한 인종 속에서 나는, 우연히 외국인들과 대화하게 되면 자꾸 마음속으로 그래서 '몇 살'인지가 궁금했다. 특별한 이유는 없었다. 이상하게도 이름보다 나이가 더 궁금했다. 어느 나라 사람인지는 굳이 의미 없을 만큼 그들은 서양인일 뿐이었고, 이름도 혀를 굴리는 발음으로 말하면 제대로 알아들을 수도 받아 적을 수도 없으면서, 삶을 어떻게 살아왔는지보다 얼마만큼 살아왔는지가 더 궁금했다. 나와 다른 생김새인 외국인을 봐도 도무지 나이를 가늠할 수 없었는데 우연히 대화라도 하게 되면 나보다 어린지, 학생인지 사회인인지, 직업이 무언지 궁금해졌다. 물론 나에게 나이를 묻는 사람은 아무도 없었다.

무한히 이질적이며 행복하게 쉬고 있다고 느끼면서도 어딘가에 갇혀 있는 것 같은 기분으로 런던이란 도시를 사랑했다. 느껴본 적 없는 다른 종류의 감정을 기억하는 일은 건강하게 내면을 다질 수 있다. 아무도 내 나이를 궁금해하지 않는 사람들 속에서, 그들의 나이를 궁금해하면서 여행은 건강한 기억을 쌓는 일이지 않을까 생각해 보았다. 어쩌면 우리에게 필요한 건 기적이 아니라 기억이고 건강하게 기억을 쌓으면 기적이 일어날지도 모른다고.

빈에서 런던으로 넘어오면서 한 시간을 잃었는지, 벌었는지도 모른 채 오늘도 기억을 쌓았다.

#

영국 대부분의 박물관과 미술관은 무료다. 약탈해 왔기 때문이라고 한다. 그리고 수많은 관광객이 몰린다. 무료라는 이유도 클 테다.

대영박물관을 방문한 날, 비가 왔다. 박물관 입구에서 아주 먼 곳까지 수많은 사람들이 줄을 서 있었다. 예약했을 리 없는 나도 수많은 사람 중 한 명, 하나의 이방인이 되어 줄을 서고 순서를 기다렸다. 나처럼 예약 없이 온 사람이 많아서 흐뭇해하며 기다리는 동안 빗줄기가 굵어지기에 우산을 썼다. 앞에는 엄마와 여섯 살 정도로 보이는 아이가 서 있었는데, 모자는 우산 없이 가방에서 샌드위치를 꺼내서 먹기 시작했다. 그 모습이 생경해 힐끔거리며 바라보았다. 박물관 안은 혼잡할 것이며 비쌀 테니 배를 든든히 채우는 게 맞지만, 대한민국에서 나고 자란 내가 해 본 일은 아니었다. 어른이 되고서는 더더욱. 샌드위치를 오물거리는 아이에게 슬쩍 우산을 씌웠다. 어느 순간부터 비를 맞지 않게 된 것을 느꼈는지 아이는 고개를 들어 우산을 바라보더니, 내 쪽으로 고개를 돌리고 씨익 웃었다. 나는 가볍게 웃으며 천천히, 줄이 줄어들 때마다 아이의 속도에 맞춰 발걸음을 움직였다. 아이는 샌드위치를 다 먹고도 내 우산 속에서 마치 나와 일행인 것처럼 같이 움직였다.

대영박물관에 처음 들어서서 한 생각은, '이것들이 여기 있는 게 맞아?'였다. 영국의 국립 박물관에서 가장 유명한 전시가 스핑크스라고 한다. 전시물들의 출처와 여기까지 오게 된 과정을 금방 잊은 채 엄청난 규모의 실내와 유물과 유적들에 압도되었다. 반나절 내내 부지런히 둘러보아도 다 볼 수 없을 정도로 전시물은 많았고 박물관은 넓었다. 체력의 한계를 원망하며 더 둘러보지 못한 걸 아쉬워하며 어쩔 수 없이 다시 와야겠다고 다짐했다. 대영박물관에는 유물들이 많아도 너무 많아서 정말 촘촘하게 전시되어 있다. 가치가 높고 인기 있는 전시품들은 앞쪽에 혹은 좋은 자리에 놓여있고, 깨지고 금 간 조각상들은 따로 모아 한꺼번에 전시되어 있다.

나는 이상하게도 그런 깨지고 완성되지 않은 듯한 조각상들을 그냥 지나칠 수가 없었다. 사실 잔인하고 스케일이 너무 커서 그리스·로마 신화는 관심도 없었고 좋아하지도 않았다. 죽고 죽이는 이야기, 환생하고 복수하는 전개는 평화주의자인 나에게 별로 흥미롭지 못했다. 이 또한 회피였는지도 모르겠지만. 하지만 유럽 곳곳을 발로 직접 걸어보고, 손으로 만져보고, 공부하며 제법 흥미가 생겼다. 어쩌면 깨진 조각상을 만든 사람들이 그리스·로마 신화의 진짜 주인공은 아닐까?

#

아침에 호텔에서 나와 엘리베이터를 타려 기다리는데 빨간색 경고 그림이 잠깐 보였다. 마침 호텔 관계자가 내리기에 방금 빨간색 경고 그림을 봤는데 타도 되냐고 물었다. 다시 보니 경고 그림은 사라져 있었고 관계자는 버튼을 확인하더니 타도 된다고 했다. 문이 닫힐 때까지 살펴 주는 눈빛이 괜히 듬직하기도. 일정을 마치고 호텔로 돌아왔는데 엘리베이터는 수리 중이었다. 와, 아직도 아찔하다.

이젠 스몰 토크가 익숙해져 열심히 산책하는 강아지를 보고 함께 웃고, 쇼핑하면서 모르는 사람의 어울리는 색깔도 봐준다. 유모차에서 자다, 깨다를 반복하는 아이의 사진을 찍어주고 같은 역에서 내려 계단에서 유모차를 들어주었다. 진짜 일상 같은 하루가 자연스럽게 이어졌다. 무엇보다 알아듣지 못했으면 알아듣지 못했다고, 뭐라고 하는지 잘 모르겠다고, 당당하게 말한다.

변덕스러운 날씨에 변덕스럽지 않은 사람들, 나는 이 도시 런던이 좋다.

오랜 여행이라면, 더욱이 혼자라면 안전이 가장 걱정일 것이다. 그런데 돌이켜보면 지하철 티켓을 더듬거리며 예매할 때 노 프라블럼을 말하며 기다려 주던 현지인들, 떨어뜨린 카드를 주워주며 조심하라는 말, 내 질문을 듣기 위해 이어폰을 빼고 천천히 물어달라는 말을 하던 사람들이 떠오른다. 어디에는 나의 실수도 있고, 나쁜 사람도 있으며 그곳에서 챙겨주는 사람이 불쑥 나타나기도 한다. 그건 여행이든 일상이든 마찬가지다. 교통사고가 무서워서 운전하지 않고 이불 밖은 위험하다고 말하는 사람은 설득할 수 없겠지만, 그게 아니라면 여행 또한 딱 일상을 유지하는 만큼 겁을 먹으면 된다. 유럽 여행을 떠나기 전 여행자 보험을 들었는데 7만 원가량의 저렴한 가격에 깜짝 놀랐다. 적어도 백만 원은 나오지 않을까 걱정했는데 여행은 하루에 천원으로도 담보할 수 있었다.

긴 여행 동안 나를 지탱해 준 건 의외로 호텔이었다. 비슷비슷한 실내 공간의 모습과 비슷한 크기의 침대, 매일매일 다른 모습의 공간에서 잠을 자야 했다면 나의 정신은 온전할 수 있었을까. 불쑥 튀어나오는 혼자라는 외로움에 더 취약하지 않았을까. 호텔의 하얀 커버와 이불, 비슷한 높이의 베개에서 나는 비슷한 자세로 잠들었을 것이다. 일상의 어느 날 집에서 잠을 자는 것처럼 그렇게.

혼자서 유럽의 밤을 즐기기엔 위험하다고 생각해 밤에는 호텔에 있거나 카페에서 글을 썼다. 침대에 누워 유튜브를 보고 당장 내일 다닐 곳을 검색해 보는 정도. 곧 부다페스트로 돌아가 한국으로 복귀할 예정이라 런던은 마지막 여행지였다. 밤거리를 느껴보고 싶어 투어를 신청해 도시를 걷고 참여자들과 맥주를 한 잔 후 런던의 밤거리를 걸었다. 내가 런던으로 가겠다고 했을 때 남편은 축구 때문에 가는 곳이라고 했다. 나는 말도 안 된다고, 누가 스포츠 때문에 여행을 가냐고, 에이치오티 콘서트 보러 런던 간다는 게 말이 되냐고 되받았었다. 그런데 거기에 온 사람들은 대부분 정말 축구를 보기 위해서 런던에 와서 표를 구하는 방법을 암호처럼 말했고 찰떡같이 알아들었다.

여행의 이유가 이렇게 다양하구나. 세상엔 나와 다른 여행의 이유가 터무니없이 많겠구나.

여행에서 우연히 처음 만난 사람은 대부분 좋은 모습으로 기억된다. 어쨌든 우리는 같은 계절에 같은 도시를 선택한 동질감을 느끼며 한국인으로서 비슷한 불편함을 겪었다. 런던에 도착하고 가까운 슈퍼에서 컵라면을 샀는데 오천 원이었던 컵라면에 젓가락은 주지 않았다.

사려고 해도 아예 없었다. 그날 나는 호텔에 있는 숟가락 두 개로 아주 열심히, 그리고 맛있게 라면을 먹었는데 나와 비슷한 경험을 한 사람이 있어서 젓가락만으로도 그날 처음 본 사람과 신나게 이야기를 할 수 있었다.

"작가는 사랑이라는 단어를 한 문장으로 쓰라면 쓰고, 두 페이지로 쓰라면 쓰고, 열 페이지로 쓰라면 쓸 수 있는 사람이야. 오십 페이지, 백 페이지로도 써야지. 그래도 사랑이 뭔진 잘 모르겠어."

언제부턴가 꼭 하고 싶은 말이 있다. 작가의 소명, 작가로서의 삶, 유명함이나 겸손은 생각하지 않고 오롯이 소신을 밝히고 싶을 때가 있다. 사실 작가들을 만나도 본질적인 대화를 하는 경우는 잘 없다. 깊이 있는 글쓰기보다 어디서 강의하는지, 언제 출간하는지, 어떻게 홍보하고 얼마나 팔릴지 같은 과정을 삭제시킨 결론뿐인 말, 글쓰기보다 활동과 돈벌이에 더 급급한 작가들도 많다. 물론 현실이기도 하니까. 작가로 성공하는 건 참 대단한 일이지만, 모든 작가들이 마치 글의 대가가 월급인 양 매월 얼마를 버는지 궁금해하고, 성공에만 몰두하면 정작 글은 누가 쓰나, 세상에 사라져 가는 감정들은 어떻게 지키나.

가끔 이렇게 자꾸, 계속 글을 쓰고 책을 좋아하는 나 자신을 이해할 수 없을 때가 있다. 학교 다닐 때 국어 공부가 쉽고 저절로 되었고, 빨리 쓰고 잠을 자도 상을 주는 글짓기 대회가 좋았다. 그 기억이 뭔지 모른 채 어른이 되었고 회사에서 주는 월급으로 삶을 이어가는 사회

적 어른이 되었다가 많은 것을 포기했고 또 얻으며 글을 쓰는 삶을 살기로 다짐했다. 단순히 시간이 여유로워서, 어디서든 글은 쓸 수 있으니까 같은 이유가 글을 쓰며 작가로 사는 삶을 사랑하는 이유로는 부족했다. 삶에는 여유만큼 성취감이 필요하고, 여전히 누구에게도 피해를 주지 않으면서 인정받을 수 있는 사람이 되고 싶다. 이왕이면 친절하고 다정한 사람으로서. 지극히 내향적인 나 자신이 좋으며 여러 사람들과 함께 우아하게 늙어가고 싶다는 소중한 꿈은 나이가 들수록 더 진지해지고 있다.

세상에 책만큼 정직한 것도 없다. 생각한 만큼 글은 표현되고 생각의 넓이와 깊이만큼 분량이 결정된다. 마음에 없는 글은 쓰지 못한다. 안 해본 일을 해봤다고 말하지 못하고, 타인이 한 말을 마치 내 생각처럼 쓸 주제는 더더욱 못 된다. 앞으로도 그러하지 않을 예정이며 굳건한 의지다. 런던의 밤, 템스 강가를 걸으며 내가 평생 글을 쓰며 살겠다는 명확한 이유를 찾은 후 홀가분해졌다.

런던에서의 마지막 날, 호텔 침대에 누워 한국으로 돌아가는 상상을 했다. 유튜브에서 한국 음식을 검색하고 레시피와 요리 순서를 공부하고 익혔다. 차돌박이 숙주 볶음이 너무 먹고 싶었다. 한국에 돌아가서 각종 소스와 조미료를 살 생각에 얼마나 행복했는지, 냉장고에 가득 차도록 채워 넣고 싶었다. 런던을 떠난다는 아쉬움과 한국으로 돌아간다는 설렘, 집에서 요리하고 한국 음식을 먹는 상상에, 어쩌면 아쉬움이 커서 더 행복했는지도 모르겠다. 새하얗고 폭신한 이불을 덮고 아쉬움에 만족하며 행복함을 느끼는 연습을 거듭하고 또 거듭했다. 머릿속으로 김이 모락모락 나는 차돌박이 숙주 볶음이 가장 아끼는 접시에 담기고 젓가락으로 들어 입 안으로 들어가자, 제자리로 돌아가기 위한 온갖 감정들은 포근하게 정리되었다. 다른 인종, 다른 문화, 다른 역사를 가진 나라에서 나는 완벽히 그 속에 스며들지 않았으며, 나대로의 여행에 충실했고 그 시간은 끝나 간다. 말이 다르고 표현하는 방법과 정도가 다른 곳에서도 나는 여전했다.

유럽에서의 나는 그냥 나였다. 한두 달은 겁먹고 막바지가 되어서야 비로소 적응되어 그 나라의 자연이, 사람들의 말투와 표정이, 일상이 보였다. 물론 대학생 때, 캐나다 전공 연수를 갔을 때보다 조금 나아지긴 했지만, 현지에 적응하는 느린 속도는 별반 다르지 않다. 사람은 어떻게든 적응해간다는데 그 세밀한 속도는 아무도 모른다. 직접 해봐야 안다. 나만 안다. 이렇게 오랜 시간이 지난 지금 나란히 기억나는 게 신기할 따름이다. 사실 캐나다 전공 연수를 다녀온 건 17년도 더 지난 일인데, 지금 다시 생각나는 것을 보면 내 삶을 어떤 방식으로든 지지해 주고 있지 않았나 싶다. 연수 수료증과 학교 레벨 수료증은 모두 잃어버렸지만, 오랜 시절 동안 어떤 날은 수다의 주제로, 또 어떤 날은 무료함을 달래줄 기억으로, 또 힘들고 지친 어떤 날은 기분을 전환해 줄 시원한 탄산처럼 남아있다.

런던에서 나는 모른다는 말은 하면 된다는 걸 배우고 실천에 옮기고 있었다. 그 또한 건강한 기억으로 쌓일 거라 믿으며.

Europe Travel

표정들이 남은 흔적

EP. 3

유럽 여행 그 뒷이야기

한국에 돌아온 지 한 달이 채 지나지 않았는데도 여행 중 있었던 일들이 순서대로 떠오르지 않는다. 머릿속에서 이미 지워질 일은 지워지고, 현실은 새로운 이야기로 이어지고 있는 기분이다. 일상의 제자리를 찾는 동안 쉬지 않고 스스로 여행 기억은 편집되고 있는 것이다. 마치 카메라로 찍은 동영상 중 필요한 부분만 잘라내고 다시 붙여 자막을 넣는 작업을 하고 있는 것 같다. 다음 여행에서는 그 도시에 도착해서 인종이 다르다는 이유로 불안해하지 않을 것이며 공항에서 호텔까지 캐리어를 끌고 천천히 걸을 것이다. 주변을 돌아보며 도시의 길 모양을 보며, 그 도시의 하늘 색깔과 사람들의 표정을 관찰하면서.

집 떠나면 고생이라는 말이 있다. 그런데 집 안 떠나면 제대로 쉴 수 없는 세상이다. 집에만 있어도 할 일이 많고 바쁘다. 밀린 청소와 살림을 하고 책을 보고 핸드폰 영상만 몇 개 찾아봐도 하루는 금방 지나간다. 입으로 말하지 않아도 손가락으로 말할 수 있고 사람을 만나지 않아도 사람들 속에 섞여 버린다. 불특정다수에 섞여 손가락으로 말을 하고 나면 심심함 후의 허무함이 몰려온다. 그 감정을 요즘은 외로움이라고 부른다. 풍요로움 속에서 느끼는 텅 빈 마음, 투정 같은 심심함이 아니라 고독으로 이어질 수 없는 외로움. 이게 우리가 여행을 떠나는 이유이지 않을까.

여행은 쉼이고 힐링이자 선택의 결과물이며 현실이다. 여행을 다녀와야 잘 쉬는 것이라는 문장에는 여전히 말이 많지만 전시하기 위해서, 경험을 자랑하기 위해서, 잘살고 있음을 증명하기 위해서도 우리는 떠난다. 타지에서 오롯한 고립을 선택하고 아무 연결 없는 혼자됨을 느끼는 여행은 이제 불가능한지도 모르겠다.

얼마 전 커리큘럼을 진행하러 서울에 다녀왔다. 보통 2박 3일 정도 서울의 호텔에 머무른다. 나름의 서울 여행이라고 할까. 일을 마친 후, 전시회를 가보고 쇼핑을 하고 팝업스토어와 소품샵을 돌아보면서 일하러 왔다는 걸 잊으려는 듯 여행한다. 그날도 쇼핑을 갔다가 글을 쓰러 오후 일찍 호텔로 돌아왔는데, 큰 캐리어를 밀며 네 개의 엘리베이터 앞에서 어쩔 줄 몰라 하는 외국인이 보였다. 상황을 보아하니 엘리베이터에 사람은 가득했고 다른 엘리베이터 버튼은 눌러지지 않는 상태였다. 나는 그 외국인에게 잠시 기다리라고 말하며 올라가는 버튼을 누르고 기다리면서, 어디에서 왔냐고 물었다. 그녀는 이라크에서 태어났고 미국에서 살았다고 말했다. 여긴 좋은 나라이고 서울은 근사한 도시인데 자신은 너무 피곤하다고. 다급하고 혼란스러워하는 그녀에게서 불과 열흘 전의 내 모습이 보였다. 내가 얼마 전까지 유럽을 여행하고 온 지 얼마 되지 않아서 너의 심정을 잘 안다고 말했지만, 그녀는 '너도 여길 여행한다고?' 하고 물은 걸 보면 다 알아듣지 못한 듯했다. 그 여행의 나처럼.

엘리베이터 문이 열렸고 먼저 들어가도록 안내하고 짐을 밀어주었다. 카드키로 터치한 후 층수를 눌러야 한다고 설명해 주고 내가 여행하는 동안 받았던 친절함을 건네주었다. 대한민국은 노트북으로 자리 맡기가 가능하고 음식점에 가면 온갖 밑반찬이 깔리는 나라인데, 그 외국인은 그래도 행복한 거 아닌가 생각하면서 대한민국 국민임에 어깨가 으쓱 올라갔다.

저녁에 호텔 침대에 누웠는데 얼큰한 순대국밥이 먹고 싶었다. 핸드폰을 열어 영업 중인 순대국밥집을 검색했지만, 걸어갈 만한 곳은 찾기 어려웠다. 밤이 늦어 먹고 바로 자기에 부담스럽기도 해서 한참을 검색만 하다가 그날 밤은 그대로 잠들었다. 아침에 일어나 체크아웃 후 다시 차에 앉아 진지하게 순대국밥집을 검색했다. 바깥에는 비가 내리고 있어서 간절함이 더했다. 구글이 알려주는 여의도의 어느 금융 빌딩의 지하 1층 순대국밥집으로 향했는데, 주차할 곳을 찾아야 했다. 울산의 가게들은 대부분 넓은 주차장을 두고 있어 주차하고 순대국밥을 먹는 일이 그리 어렵지 않다. 여의도 한가운데에서 주차장을 찾는 건 정말 생소하고 어렵게 느껴졌다. 근처에 도착했어도 몇 층인지 가늠되지 않을 만큼 높은 건물에 기가 눌려 주차할 상상도 하지 못했다. 우리나라 금융을 움직이는 빌딩에 순대국밥 한 그릇을 먹기 위해 지하 주차장을 이용하는 일은 뭔가 이치에 맞지 않는 듯했다. 그나마 가본 적 있는 근처 더현대백화점에 주차하고 백화점을 빠져나와 비를 맞으며 금융 빌딩 지하 1층 순대국밥집을 향했다. 핸드폰 화면으로 떨어지는 빗방울을 보면서 그 상황이 너무 방관적으로 웃겼다. 왜 순대국밥은 먹고 싶어서, 멀쩡히 있는 지하 주차장에 주차도 못 해서 이 고생인지.

도착한 지하 1층의 순대국밥집은 신세계를 연출하고 있었다. 손님이 오지 않은 테이블에 바로 먹고 갈 수 있도록 밑반찬과 숟가락, 젓가락이 준비되어 있었다. 작은 테이블에 앉아 주문하고 주변을 돌아보았다. 서울말을 쓰는 똑똑해 보이는 사람들, 금융업에 종사할 사람들을 찬찬히 바라보았다. 그들 틈에서 서울에 살지 않는 불특정 1인이 되어 순대국밥을 먹었다. 11시가 지나니 사람들이 밀려들어 금방 가게 테이블의 반을 채웠다. 당연히 밥을 먹어야 할 주인에게 자리를 내어주어야 할 이방인처럼 눈치가 보이기 시작했다. 나는 먹는 속도가 엄청 느린 편인데 바쁘게 흘러가는 그곳에서 삼십 분 넘게 밥을 먹는 건 어쩐지 죄스러워 반쯤 먹은 국물을 남긴 채 숟가락을 놓고 잽싸게 일어났다. 계산하고 나오면서 '나 지금 혹시 도망치는 건가. 도대체 왜?' 생각하며 혼자 얼마나 웃었는지 모른다.

나만 다르다는 생각, 일상에서 천천히 스며들었던 외로움을 느끼며 이 순간이 꽤 여행 같다는 생각을 했다. 타인의 말을 다 알아들을 수 있어도 대화의 결은 나와 다르다는 확신, 그 속에서 느끼는 다름과 혼자라는 생각은 유럽에서 느끼는 혼자인 기분과는 확연히 달랐다. 어느 때 더 외로웠냐고 묻는다면 후자일 것이다. 열심히 일하는 사람 사이에서 그저 순대국밥 한 그릇 먹겠다고 이렇게 많은 시간과 비용을 쓰는 한량이었으니.

여러 종류의 외로움을 알면, 고독함으로 성장할 수 있지 않을까 생각하며 나를 여행지의 이방인으로 만들어 준 여의도가 참 좋았다.

#

대학교 4학년 때, 전공 연수 겸 어학연수를 위해 캐나다에서 약 4개월을 보냈다. 그때 역시 나는 소심하고 변화에 익숙하지 못했으며, 뭐도 모르고 떠나는 건 잘했다. 중앙일보 밴쿠버 지사에서 수습기자로 활동하면서 영어를 배우고 학교에 다닐 수 있는 프로그램 공고가 올라왔다. 학점과 몇몇 조건을 내걸었다. 나는 그 조건에 부합하는지 궁금했다. 그러니까 캐나다에 가서 기자 전공 연수를 받으며 영어 공부를 하고 싶었던 게 아니라, 내가 그럴 만한 조건이 되는 사람인지 궁금해서 신청했는데 덜컥 합격했던 것이다. 대학교에 다니면서 학원에서 강사 아르바이트를 했기에 심지어 통장에 돈도 있었다. 부모님께 말씀드리니 부족한 돈을 보태 주신다고 하셨다. 아이쿠, 나는 떠나야 했다. 비상금으로 모아두었던 돈으로 캐나다행 비행기티켓을 샀고 먼저 다녀왔던 선배에게 대한항공을 타면 나눠주는 담요를 꼭 챙기라는 당부를 들으며 한국을 떠났다.

캐나다에서는 외국인들이 무서워 말도 제대로 못 했고 회화 실력은 좋아지지 않았으며, 한국에서 필요한 영어 성적도 오르지 않았다. 뭘 시키기만 해도 금방 울 것처럼 학교생활을 했고, 신문사에 가서 한국인들을 만나야 생기가 돌았다. 그땐 제대로 적응하지 못한 실패한 연수라 생각했는데 그것 또한 내 인생의 긴 여행이었다. 멕시코, 브라질, 스페인 등 세계 각국의 친구들과 영어 공부를 했었는데, 말만 걸면 빨개지며 뒷걸음질 치는 나는 그들 사이에서 샤이걸로 통했다. 같은 반 친구들은 나를 보면 웃었고, 나는 그 웃음이 조롱인지, 장난인지, 친근감인지 모른 채 그 웃음에 눈물 흘렸다. 도대체 왜 그렇게 울었는지 다들 의아해했다. 나도 자 자신이 감당되지 않았고. 다른 생김새와 언어가 무섭고, 적응되지 않았던 것 같다. 수업 시간 선생님은 현지인이었는데, 선생님이 말을 걸면 묻는 말에 제대로 눈을 마주칠 수도 없었고, 게임처럼 진행되는 수업에서 이기고픈 마음 자체가 없었다. 주사위를 굴려 동물들을 움직이며 해당 칸에 미션을 수행하는 수업 중, 얼룩말 위에 사자를 올려놓고 비비면서 키득거리는 친구들 옆에서도 나는 울먹거리기만 했다. 도서관에 가서 이어폰으로 한국 노래를 들으면서 토익 공부를 했다. 3개월 정도 지났을 때 겨우 캐나다의 깨끗하고 맑은 하늘이, 길을 걸을 때 가볍게 인사하는 '하이'가 들렸다.

#

나는 삶을 여행이라 말하는 데 동의하지 않는다. 모든 사람이 여행으로 힐링하지 않으며, 여행은 새로움에 익숙해져야 하는 과정이자 노력과 의지가 필요한 일이다. 여행처럼 산다는 건 너무 애쓰지도, 연연하지 말고 가볍게 살라는 뜻인데, 우리의 삶은 단순히 거쳐 간다고 하기엔 너무 많은 사람들과 촘촘하게 연관되어 있으며 비교하고 부러워하기 좋은 구조다. 여행도 그렇다. 가보고 싶은 곳은 대부분 입장료가 있고 유명한 관광지와 맛있는 음식은 비싸다. 세상에 공짜는 없지만 여행에는 더더욱 없다. 호텔에서 잠을 자고 바깥에서 생활에 필요한 것들을 해결하는 게 단순히 가벼울 수만은 없다. 여행하기 위해 돈을 모으고 일하며 우리는 얼마나 많은 것들을 견디고 있는가. 나 역시 여행은 돈을 쓰는 일, 완전히 소비에만 몰두하며 너그러워지는 일이고 일상은 여행에서 쓴 것들을 다시 생산으로 채우는 일이라 생각한다. 그렇지만 충분히 투자할 가치가 있는 일로서, 여행은 일상을 받쳐주고 우리는 타지에서 한 실수에 대한 기억으로 살아낼 힘을 얻기도 한다. 이것 또한 일상으로 잘 돌아와 여행을 제대로 기억했을 때의 말이다.

80일간 유럽 여행은, 누군가의 일상에 들어가는 일이었다. 비행기를 타고 승무원을 만나고 승무원의 일터로 들어간다. 호텔 체크인을 하면서 호텔리어를 만나 나는 그의 업무가 된다. 나의 일상과 견주어 볼 수 있는 일이다. 그렇게 타인의 일상으로 들어가 서로의 입장을 바꿔 보는 일, 여행은 일상의 교환, 어떤 방식으로든 대가를 스스로 지불하는 일이지 않을까.

여전히 한국에 온 기쁨을 느끼고 있다. 과일을 흐르는 물에 씻어 바로 먹으면서, 사고 싶은 책을 오늘 주문하고 내일 받을 수 있는 현실에 감탄하면서, 덜 달게 주문한 돌체 라테를 마시면서 오늘의 일상은 여전히 여행에서 이어지고 있다. 문득, 유럽 여행 중 브런치로 먹었던 햄과 약간의 채소가 들어간 샌드위치가 생각나기도 하고.

사람의 기억이란 원치 않아도 이어지고 원한다고 잘라낼 수 없으며, 현실을 비집고 들어와 이어지고 또 이어진다.

일상에서의 실패는 치명적일지도 모르겠으나 여행에서 실패는 검은색이 아니다. 어디든 섞여 다른 색을 낼 수 있는 적당한 색깔로 일상의 어디에도 섞일 준비를 하고 있다. 물론 투명한 물과도, 언젠가는 기름과도 섞일 수 있도록 막대기를 들고 세차게 저어보려 한다.

일상에서의 실패도 검은색이 아닐 수 있도록, 앞으로 다가올 날들이 검은색 그대로 바래지지 않도록, 나의 일상은 다시 여행으로 이어질 것이다.

여행의
민 낮

초판인쇄 2024년 7월 31일
초판발행 2024년 7월 31일

지은이 김현주
펴낸이 채종준
펴낸곳 한국학술정보(주)
주 소 경기도 파주시 회동길 230(문발동)
전 화 031-908-3181(대표)
팩 스 031-908-3189
홈페이지 http://ebook.kstudy.com
E-mail 출판사업부 publish@kstudy.com
등 록 제일산-115호(2000. 6. 19)

ISBN   979-11-7217-468-2 13980

이담북스는 한국학술정보(주)의 학술/학습도서 출판 브랜드입니다.
이 시대 꼭 필요한 것만 담아 독자와 함께 공유한다는 의미를 나타냈습니다.
다양한 분야 전문가의 지식과 경험을 고스란히 전해 배움의 즐거움을 선물하는 책을 만들고자 합니다.